城市轨道交通机电专业
智能建造深化设计图集

庞志宁　主编

北京航空航天大学出版社

内容简介

　　本书以机电安装工程经验和总结为基础，详细介绍了地铁风水电专业管线预制和 BIM 施工深化设计的做法和标准等相关内容，具体内容主要包括地铁项目机电常规安装和 BIM 预制、装配式模块化设计、参数化有限元校核计算、如何利用 BIM 技术深化图纸和工程量清单，从 BIM 标准管段模型转化成机床能够识别 CNC 机器加工代码进行等离子电火花机床切割，在安装过程中利用 720° 云全景拍摄与 BIM 模型全景进行叠加，并对其进行一致性复核等。书中还对目前城市轨道交通、市政、房屋建筑等行业内的一些 BIM 技术以及应用实施有详细的介绍，以便于读者进阶学习。

　　学习本书，可对城市轨道交通 BIM 深化出图和预制加工有系统的认识，并能学会其基本的 BIM 图纸深化以及工程量清单核算等技能，是机电工程专业工程师及相关作业人员的理想指导书。

图书在版编目（CIP）数据

城市轨道交通机电专业智能建造深化设计图集 / 庞志宁主编. --北京：北京航空航天大学出版社，2024.4
　　ISBN 978-7-5124-4393-8

　　Ⅰ.①城… Ⅱ.①庞… Ⅲ.①城市铁路—轨道交通—机电设备—图集　Ⅳ.①U239.5-64

中国国家版本馆CIP数据核字（2024）第089148号

版权所有，侵权必究。

城市轨道交通机电专业智能建造深化设计图集
庞志宁　主编
策划编辑　杨晓方　责任编辑　杨晓方

*

北京航空航天大学出版社出版发行

北京市海淀区学院路 37 号（邮编 100191）　http://www.buaapress.com.cn
发行部电话：（010）82317024　传真：（010）82328026
读者信箱：copyrights@buaacm.com.cn　邮购电话：（010）82316936
北京富资园科技发展有限公司印装　各地书店经销

*

开本：787×1092　1/16　印张：18.75　字数：452 千字
2024 年 7 月第 1 版　2024 年 7 月第 1 次印刷
ISBN 978-7-5124-4393-8　定价：99.00 元

本书编委会

主　编

庞志宁　中铁电气化局集团有限公司设计研究院，高级工程师（机电工程专业）

副主编

周建亮　中国矿业大学，教授，博士生导师

来　雨　西安建筑科技大学管理学院实验中心，主任

贾伟涛　太原科技大学，重型装备及其智能化研究所副所长，教授（机械工程专业）

马自勇　太原科技大学，机械工程学院副教授，海安太原科大高端装备及轨道交通研究院副院长（机械工程专业）

杨玉琢　中国港湾工程有限责任公司，高级工程师（电气自动化专业）

参编及审校

廖微微　上海铠卫机械科技有限公司，总工，高级工程师

刘　涛　北京千华新材科技有限公司，总经理

李剑群　中国建筑西南设计研究院有限公司国际工程设计咨询公司，总工程师

翁广宁　上海建工四建集团有限公司，高级工程师（暖通空调专业）

邱灿盛　上海红瓦信息科技有限公司，企业联合创始人（工程管理专业）

蒋亚平　中车唐山机车车辆有限公司，高级工程师（动车组运维方向）

李　游　中交机电工程局有限公司科技与数字化部，高级工程师（港口装卸工艺专业、装备制造方向）

赵　磊　广州地铁设计研究院股份有限公司，自动化和通号所，工程师

蒋志同　中船第九设计研究院工程有限公司，工程师（水工工艺专业）

刘学东　北京构力科技有限公司，运营总监（机电工程专业）

张士军　铭钧智建工程咨询有限公司，总经理（建筑学专业）

闫海滨　北京城建集团有限责任公司，工程师（土木工程专业）

汤　辉　广州奥美格建筑科技有限公司，总经理（土木工程专业）

余　括　中国建筑西北设计研究院，工程师（土木工程专业）

序言（一）

未来，轨道交通建造运维智能化将成为我国智慧经济发展的重要产业，加快轨道交通智能化建造发展，一方面有助于推进我国交通行业的发展进程，另一方面也有助于带动与轨道交通智能化相关领域的发展，从而促进我国相关科技的进步。

城市轨道交通智能建造旨在提升城轨行业机电设备、车辆及轨道设施的自动化应用水平，促进设备设施与机电管线数字化生产技术的不断发展，确保设计、制造、安装能够按计划有序进行。目前，城市轨道建造方式已能基于状态感知、物联网、建筑信息模型（Building Information Modeling，BIM）、云计算及 5G 通信等技术，构建为集成数据采集、传输、存储及信息交互的数字化加工平台，并搭设信息数据与设备关联的渠道，通过算法优化、自学习和自校准，实现机电设备安装加工精度的持续提升和运行状态的精准控制。在建设项目全生命周期内应用 BIM 等信息化技术，促进城市轨道交通基础设施建造平台化管理已成为城轨领域的重要发展方向。

城市轨道交通基础设施的智能化建造与运维，主要体现为将数字化预配加工技术与大型设备三维模型的轻量化处理相结合，进而实现虚拟装配，状态监测和智能运维。在建设阶段，智能化可以有效地提高建设效率，降低建设成本，并确保建设质量。在运维阶段，智能化可以实时掌握基础设施的运行状态，及时发现和预测潜在故障，提高运维效率，延长基础设施的使用寿命，降低运维成本。可以说，城市轨道交通基础设施的智能化建造与运维，是实现城市轨道交通高效、安全、绿色发展的关键。

据统计，目前我国轨道交通维保市场约占轨道交通装备市场总规模的 4%。2020—2023 年，铁路运维市场的规模约达 1 200 亿元。城市轨道交通车辆及其他机电系统投资约占总建设费的 25%，相比之下，其全生命周期的运维和更新改造费用更高。预计到 2025 年，运维市场规模将达 1 500 亿元以上。显然，提升智能化建造水平、降低维护维保费用是当务之急。

本书详细阐述了城市轨道交通工程项目中常规机电系统的管线和支架的参数化设计与校核方法、通风和给排水管道的预制化安装方法、机电设备与连接管道的装配式安装方法、二次砌筑墙体的装配式安装方法，以及基于增强现实技术的图模一致性检验方法。这些内容体现了轨道交通建设在设计和施工阶段的高效性、信息化和智能化。本书的编写团队由长期从事城市轨道交通工程项目机电设备安装的资深专家组成，他们在机电专业的工程设计、项目管理、施工组织等关键环节方面积累了丰富的实践经验，对智能建造技术的发展趋势有着深刻的洞察。书中内容包含编写团队在实际工作中遇到的问题和解决方法的总结，力求理论联系实际，以实用为导向，注重技术性和可操作性，是一本既具有理论深度，又具有实践指导意义的参考书籍。

期望本书的出版能为从事城市轨道交通工程项目智能建造的工程师提供应用借鉴和启示，并为推动我国城市轨道交通事业的发展及智能建造技术的进步贡献力量。

教授级高级工程师

北京市重大项目建设指挥部办公室原总工程师

北京市轨道交通学会常务副会长

序言（二）

　　智能建造是当前建筑产业转型升级的重要特征和要素，是面向工程项目的建设过程，以自动化、信息化、数字化和智能化的混合方式，实现在感知条件下对建造、生产、安装等环节技术水平与管理水平的大幅提升，代表了建筑行业未来新质生产力形成的落地基础和着力点。智能建造同时也是面向工程建设过程中对技术与管理的信息感知、传输、优化和系统化的过程，可以应用在装配式部品与部件的生产自动化、施工机器人的作业自动化与智能化、BIM与智慧工地的信息化与数字化、工程管理中若干预警预测的信息化与智能化等诸多显性方面，未来还可以涉及数字设计、智能生产、智能施工、智慧运维等建筑全生命周期的各个环节，最终实现建筑业现代化模式下的少人化甚至无人化的管理和作业形态。

　　推进智能建造的发展，核心是信息技术和传感技术的发展，但目前来看，工程建设行业围绕智能建造尚未形成共识性技术的大规模推广落地，即便目前快速发展的VR、AR、MR技术和AI技术，现阶段也存在技术应用与实际现场问题脱钩的现象。因此，相关人员应当脚踏实地，从工程落地的实际需求出发，着重从以下几个方面内容着手加以提高：

　　一是重专业，智能建造不应仅懂智能，会用新技术软件，更要知现场，懂施工，掌握图纸和规范，还要与相关专业人员密切配合、协作，才能充分利用智能建造的新式生产工具，针对工程项目建造的过程实施的有效环节进行系统化管控。

　　二是谋全局，要善于采用数字化协同设计，利用信息技术和传感技术贯穿整个工程项目的各阶段的实施，进行全专业、全过程、全系统协同策划；

　　三是看实效，重点围绕工程量大、重复作业多、危险环境、人工作业消耗繁重等施工作业场景，探索实现机器人和先进智能成套设备进行生产和施工的新型生产方式。

基于此，本书以城市轨道交通工程中常规机电专业环节为例，围绕在深化机电设计和生产安装实施过程中需要注意的重点环节、图例、参数等内容进行讲解，目的是分享新技术解决专业问题的做法经验，为工程实践人员提供一些参考。

中国矿业大学，教授，博士生导师。

序言（三）

随着国内城市轨道交通线网规模的不断扩大，建设和运营成本尤其是设施设备维护费用不断增加，城市轨道交通建设和运营维护的可持续发展面临巨大的挑战。城市轨道交通属于公共交通的重要组成部分，其作为城市的重要交通枢纽环节，能够承担城市经济片区发展和疏散交通人流的政策性功能，其配套设施和商业综合体的空间体量也会在线网周围迅速扩大。

阡陌交通和利国利民实属一件福荫子孙后代的重大举措。但与此同时，针对城市轨道交通行业，如何降低运营成本、绿色低碳节能增效，以及绿色智能建造也成为当今社会的一大课题。充分利用配套的空间和地理资源的价值优势，以及让城市能够有侧重地得到均衡发展，才能利于人才优势弥合城乡经济的收支缺口。以此，提出和深化普及城市轨道交通智能建造是解决城市轨道交通建设问题的关键。

2020年，中国城市轨道交通协会发布了《中国城市轨道交通智慧城轨发展纲要》，该纲要是引领我国城轨行业智慧城轨建设，助推交通强国建设的指导性文件，结合企业发展实际，采用"总体规划，分步实施，专业建设"的建设策略，充分利用新一代信息技术发展，通过"数字化→智能化→智慧化"的建设路径逐步完善城市轨道交通智能运维体系，最终形成设备安全可靠，人员精简高效，成本效益可控，应急保障迅速的运维管理新模式。

本图集借此契机着重阐述了城市轨道交通常规机电专业设备安装、机电管线预制加工、装配式构件的数字化加工制造和安装、数字化全景的拍摄和搭建，介绍了城市轨道行业相关CAE/CAM的技法，形象地用二维码例举出相关机电设备及构件的可视化3D模型案例和图纸案例，本书出版定会为城市轨道交通行业机电安装专业的设计者和建设者提供有益的帮助。

中国设备工程专家库专家

前　言

　　智能建造是面向工程项目全生命周期，实现技术与管理的信息感知、传输、优化和系统化的过程，也是构建基于工程项目信息化和信息传感技术融合管控平台的过程。智能建造能在有限的且人为划定的时间和空间范围内，通过机器人加工技术完成各种工艺操作，实现人工智能与建造要求深度融合的建造方式。

　　智能建造技术推进的核心是信息技术和传感技术的发展，但目前来看，即便目前 VR/AR/MR 技术和 AI 技术已出现，现阶段施工行业也尚未形成大规模智能建造和技术应用的局面，甚至出现使用技术与实际现场问题脱钩的现象，但科技总是向前发展，我们应紧跟时代脚步才不致于落后。

　　做智能建造应从以下几个方面内容着手：

　　一，重专业。专业人做专业的事，轨道交通工程施工同样不例外。利用工程建造信息模型 BIM 管控平台，针对工程项目建造过程实施的有效环节进行系统化管控，以及开发与工程实践相匹配的多源信息自动化建造系统等，这些都要请专业人来做。

　　二，数字化协同设计。将信息技术和传感技术贯穿整个工程项目各阶段的实施过程，进行全专业、全过程、全系统协同策划。

　　三，采用 PLC 编程实现机器人和先进智能成套设备生产和施工。在 BIM 管控平台和建筑信息模型技术的驱动下，使用机器人与智能成套设备可代替人完成工程量大、重复作业多、危险环境、繁重人工作业消耗等情况下的施工作业。

　　本书以城市轨道交通工程中常规机电专业工程环节为例，详细阐述并分析了深化设计和生产安装实施过程中需要注意的重点事项、图例、参数等内容，希望能为城市轨道交通机电建造与安装工程实践人员提供一些技术参考。

　　本书在编写过程中，得到了诸多理论与实践专家的大力支持，在此一并表示感谢！

编　者

目 录

第1章　图集编制说明

1.1　图集编制依据

（1）住房城乡建设部建质函【2016】89号文"住房城乡建设部关于印发《2016年国家建筑标准设计编制工作计划》的通知"。

（2）现行国家、行业标准规范

《工业金属管道工程施工规范》	GB 50235—2011
《工业金属管道工程施工质量验收规范》	GB 50184—2011
《建筑给水排水及采暖工程施工质量验收规范》	GB 50242—2002
《通风与空调工程施工质量验收规范》	GB 50243—2016
《建筑机电工程抗震设计规范》	GB 50981—2014
《建筑抗震设计规范》	GB 50011—2010
《钢结构设计规范》	GB 50017—2017
《冷弯薄壁型钢结构技术规范》	GB 50018—2016
《装配式支吊架系统应用技术规程》	T/CECS 731—2020
《建筑机电设备抗震支吊架通用技术条件》	CJ/T 476—2015
《抗震支吊架安装及验收规程》	CECS 420：2015
《管道支吊架 第1部分：技术规范》	GB/T 17116.1—1997
《盾构隧道施工手册》	人民交通出版社 2005 年 6 月
《DTII（A）型带式输送机设计手册》	冶金工业出版社 2013 年 9 月

《地下铁道工程施工质量验收标准》（两册）	GB/T 50299—2018
《建筑电气工程施工质量验收规范》	GB 50303—2015
《风机、压缩机、泵安装工程施工及验收规范》	GB 50275—2010
《建筑防烟排烟系统技术标准》	GB 51251—2017
《带式输送机》	GB/T 10595—2017
铁路隧道设计规范	TB 10003—2016

特别说明： 当依据的标准规范进行修订或有新的标准规范出版实施时，本图集与行业工程建设标准不符的内容、限制或被淘汰的技术或产品，应采用最新行业技术标准和产品，工程技术人员在参考使用时，应注意加以区分，并对本图集相关内容进行复核后选用。

本图集以轨道交通工程实际项目为案例进行编写。

1.2 图集适用范围

本设计图集主要介绍城市轨道交通工程行业中的智能建造实施流程、具体实施和应用，包括针对冷水机房、消防泵房、环控机房、区间隧道等常规风水电专业重点环节和工点部位进行成套管线综合调整、整体装配式设备模块化安装等内容实施方案，以及对轨道交通行业四电专业参数化设计及预制化做法、虚实结合校核模景一致性、工厂化智能建造预制加工等内容，目的是帮助相关人员在BIM施工图深化设计阶段以及工厂化智能建造阶段，有效和快速解决成套机电设备安装和模块化综合管线成套安装中的深化设计和安装相关问题。

1.3 暖通专业图例及名称缩写

暖通专业图例及名称缩写如表 1-1、表 1-2 所列。

表 1-1　暖通专业图例及名称缩写（1）

序号	缩写	对应名称（空调水）	序号	缩写	对应名称（空调水）	序号	缩写	对应名称（送排风、空调风）	序号	缩写	对应名称（送排风、空调风）
1	CH	制冷机组	18	CWP	冷却水泵	1	SPF	加压送风机	18	DC	280℃防火阀
2	LN	冷凝水管	19	HWP	热水泵	2	PAU	新风处理机	19	FD	70℃防火阀
3	D.C.	泄水阀	20	MWP	补水泵	3	AHU	空调处理机	20	SPD	加压送风管
4	D.P.	排水管	21	STCP	凝结水泵	4	DAHU	吊式空调机	21	SEF	排烟风管
5	LMCP	控制屏	22	F	水流开关	5	C.V.F	管道风机	22	FAF	新风机
6	CHWP	冷冻水泵	23	SWU	软水器	6	WVF	墙体换气扇	23	FCU	风机盘管
7	CHWP-P	冷冻水一次泵	24	SWT	水箱	7	PAD	新风管	24	CVF	吊式换气扇
8	CHWP-S	冷冻水二次泵	25	CT	冷却塔	8	EAF	排风机	25	SAG	送风口
9	CHWP-T	冷冻水三次泵	26	TS	远传温度传感器	9	MAF	补风机	26	RAG	回风口
10	SAC	蒸汽热风幕	27	HE-CH	冷水板换	10	MAD	补风管	27	EAG	排风口
11	AV	排气阀	28	HE	汽水换热器	11	CAV	新风量控制箱	28	SEG	排烟风口
12	P	压力表/压力传感器	29	PHE	预热换热器	12	AHU	空气处理单元	29	SPG	前室加压送风口
13	DC	泄水阀	30			13	FAU	新风处理单元	30	TAD	转换风管
14	IU	室内机	31			14	HVAC	供热通风与空气调节	31	EAD	排风管
15	OU	室外机	32			15	NC	多叶排烟口/多叶送风口	32		
16	F.M	流量计	33			16	HC	280℃排烟（防烟）防火阀	33		
17	FCV	自动流量平衡阀	34			17	EH	280℃全自动排烟防火阀	34		

表 1-2　暖通专业图例及名称缩写（2）

序号	图例（符号）	名称	序号	图例（符号）	名称
01		隧道风机（兼车站送风机）TVF（F）	10		排气扇 PAF
02		隧道风机（兼车站排风机）TVF（E）	11		结构片式消声器 SIL
03		射流风机 JF	12		管式消声器 SIL
04		空调机组 / 新风机组 AHU/PAU	13		电动组合风阀剖面 MD
05		回排风机 RAF	14		电动组合风阀平面 MD
06		送风机 FAF	15		电动多叶调节阀 DT
07		排风机 EAF	16		带设定位电动多叶调节阀 DTS
08		排烟风机 SEF	17		手动多叶调节阀 ST
09		人防加压风机 WF	18		防烟防火阀 70 ℃ ZF

序号	图例（符号）		名称	序号	图例（符号）		名称
19			排烟防火阀 280 ℃ ZP	28		YYF	余压阀 YYF
20			电动防烟防火阀 70 ℃ DF	29	SAD		送风管
21			电动防烟防火阀 280 ℃ AP	30	EAD		排风管
22			排烟阀 PYF	31	RAD		回风管
23			风管止回阀 NRD	32	SED		排烟风管
24			送风口 SFK	33			风管变径头
25			排风口 PFK	34			带导流片弯头
26			常闭加压送风口 JYK	35			消声弯头
27			常闭排烟风口 PYK	36			高静压风管式室内机 IUC

序号	图例（符号）	名称	序号	图例（符号）		名称
37		四面出风式室内机 IUC	46			集/分水器 CWH/DWH
38		多联机室外机 OUC	47	—L1—	—L1—	冷冻水供水管
39		分体空调室外机 OUC	48	—L2—	—L2—	冷冻水回水管
40		壁挂式室内机 IUC	49	—LQ1—	—LQ1—	冷却水供水管
41		风管软接头	50	—LQ2—	—LQ2—	冷却水回水管
42	或	通风亭	51	—n—	—n—	空调冷凝水管
43		冷水机组 WCC	52	—B—	—B—	冷冻水补水管
44		冷冻水泵 CHWP	53	—R—	—R—	排污管
45		冷却水泵 CWP	54	—R—	—R—	旁通管

续表

序号	图例（符号）	名称	序号	图例（符号）	名称
55		补给水管	65		电动蝶阀 MV
56		溢流水管	66		可屈挠橡胶软接头
57		蝶阀	67		Y 型过滤器
58		平衡阀	68		波纹补偿器
59		能量调节阀	69		介质流向
60		截止阀	70		固定支架
61		闸阀	71		丝堵
62		水管止回阀	72		法兰、法兰盖
63		电动两通阀 MOV	73		坡度及坡向
64		电动压差式旁通阀 DPCV	74		定压补水装置 MWP

序号	图例（符号）	名称	序号	图例（符号）	名称
75		全程水处理器 WP	79		冷却塔 CT
76		旁流水处理器 PL	80		压力表
77		全自动加药装置 ADFE-1	81		温度表
78		补水箱 WT	82		自动排气阀

1.4　地铁大类专业名称及缩写代码

地铁大类专业名称及缩写代码如表 1-3 所列。

表 1-3　地铁大类专业名称及缩写代码

地铁大类专业名称及缩写代码		
专业名称	子项名称	缩写代码
建筑	主体	JZ
	附属	
结构	主体	JG
	附属	
装饰装修	公共区	B
	设备区	
机电	线路区间机电	C
	暖通	KT
	给排水	GS
	气灭	QT
	供电	GD
	通信系统	TX
	信号系统	XH
	自动售检票系统	AFC
	火灾自动报警	FAS
	综合监控系统	ISCS
	环境与设备监控系统	BAS
	安检系统	AJ
	门禁系统	ACS
	导向标识	ZX
	站台门系统	PB
	动力照明系统	PDZM
	......	

第2章　暖通专业设计

本图集的暖通设计主要是指地铁项目中机电设备房间的室内风管、水管、桥架、线管等的设计。

2.1　防排烟设计标准

（1）列车火灾发热规模按 10.5 MW 计算（已考虑 1.5 倍的安全系数）。

（2）地下车站站厅、站台公共区和设备及管理用房应划分防烟分区，且防烟分区不应跨越防火分区。公共区单个防烟分区的建筑面积不应超过 2 000 m^2，设备及管理用房区域每个防烟分区的建筑面积不应超过 750 m^2。

（3）防烟分区的排烟量应根据其建筑面积按 1 m^3/h 计算。当排烟设备负担两个或两个以上防烟分区时，其排烟能力应按各防烟分区中最大分区的排烟量、风管（道）的漏风量及其他防烟分区的排烟口或排烟阀的漏风量之和（考虑 20 % 的漏风量）计算，风压应考虑排烟系统最不利环路的要求的情况。

（4）当车站站台层公共区发生火灾时，应保证站厅到站台的楼梯和扶梯口处具有能够有效阻止烟气向上蔓延的气流，且向下气流速度不应小于 1.5 m/s。

（5）设置机械排烟系统的内走道和地下通道，其机械排烟量不应小于 13 000 m^3/h。

（6）单台排烟风机的排烟风量不应小于 7 200 m^3/h。

（7）封闭空间排烟时应进行机械补风，补风风量不应小于排烟量的 50 %，但不得大于排烟量。

（8）防烟分区内任一点至最近排烟口的水平距离不应大于 30 m，层高大于 6 m 时，不应大于 37.5 m。排烟口底边距离挡烟垂壁下沿垂直距离不应小于 0.5 m，水平距离安全出口不应小于 3 m。排烟口的风速不应大于 7 m/s。

（9）设置防烟设施的场所：

①封闭楼梯间；②防烟楼梯间和前室；③避难走道和前室。

（10）设置排烟设施的场所：

①地下或封闭车站的站厅、站台公共区；

②同一个防火分区内总建筑面积大于 200 m² 的地下车站设备管理区，地下单个建筑面积大于 50 m²/ 且经常有人停留或可燃物较多的房间；

③连续长度大于一列列车长度的地下区间和全封闭车道；

④车站设备管理区内长度大于 20 m 的内走道，长度大于 60 m 的地下换乘通道、连接通道和出入口通道。

（11）区间隧道通风系统、车站隧道通风系统及车站通风空调系统的排烟设施均应保证在 280 ℃时能连续有效工作 1 h；烟气流经的风阀及消声器等辅助设备应与风机耐高温等级相同。

（12）大系统送、回风管应设置在穿越公共区与设备区的防火隔墙处、新 / 排风道隔墙处、楼板处、环控机房隔墙处、穿越变形缝且设有隔墙处、车控室、气瓶间、消防泵房、楼梯间、电缆井设防火阀（送风管设 FD1，排烟风管设 FD2）；小系统风管在穿越下列部位时应设置防火阀且防火阀的位置便于手动复位。这些部位包括穿越环控机房、车控室、气瓶间、消防泵房、楼梯间、电缆井隔墙处、穿越防火分区隔墙处、穿越楼板处、穿越变形缝两侧隔墙处（如变形缝处无隔墙则风管两侧不设）、穿越新 / 排风道隔墙处等；小系统风管穿越并服务于自动灭火保护区域时，进出保护区的风管靠墙应设置 SFD。排烟风机入口的总管上应设置当烟气温度超过 280 ℃能自动熔断关闭的防火阀，该防火阀应与相应排烟风机联锁。当该阀关闭时，须连锁关闭排烟风机和补风机。

（13）穿越封闭楼梯间、防烟楼梯间、前室的风管管道的耐火极限不应小于 2 h。风管穿过防火隔墙、楼板和防火墙时，穿越处风管的防火阀、排烟防火阀两侧各 2.0 m 范围内的风管应采用耐火风管或风管外壁，且采取防火保护措施，耐火极限不应低于该防火分隔体的耐火极限。防火板及防、排烟管道须提供国家级消防产品质量监督检测中心出具的耐火极限检验报告。风管穿行以下区域时耐火极限应满足以下要求：

①未设置在独立管道井或与其他合用管道井的加压送风管道，其耐火极限不应低于 1 h；加压送风管道的耐火极限不应低于 1 h。

②竖向设置的排烟管道应设置在独立的管道井内，排烟管道的耐火极限不应低于 1 h；

③补风管道耐火极限不应低于 1 h，当补风管道跨越防火分区时，管道的耐火极限不应小于 1.5 h。

对有耐火极限要求管道的整体技术性能要求如下：

a. 风管系统（包括龙骨、法兰、内部支撑件或其他绝热材料）的寿命应能达到 20 年，并在其寿命期内风管系统 A 级不燃、设计的耐火极限性质不得发生变化，各项物理、化学指标下降不得超过 5 %，且应无毒无害、无放射性、防潮防霉，并不得出现返卤或严重泛霜现象。

b. 防排烟风管（含排风兼排烟风管）采用耐火复合风管制作。采用的耐火风管均应按照现行国家标准《通风管道耐火试验方法》GB/T 17428—2009 的测试方法进行测试，并达到《建筑防烟排烟系统技术标准》GB 51251—2017 所规定的耐火极限的要求。耐火风管应具有相应的合格证明，包括主材的材质证明、风管强度及严密性检测报告、消防及卫生检测合格的报告。同时风管的安装、制作及验收应满足《通风与空调工程施工质量验收规范》（GB/T 50243—2016）、《通风管道技术规程》（JGJ/T141—2017）、《非金属风管制作与安装》（15K114）等规范的要求。

c. 耐火复合风管耐火极限不满足设计要求处，复合风管外部应外包防火板，具体可参考国标图集《防排烟系统设备及附件选用与安装》（07K103-2）制作。防火板厂家或施工单位应按照国标测试方法提供满足其使用性能、耐火极限要求的测试报告。

（14）楼梯间机械加压送风防烟系统楼梯间与走道之间的压差为 40~50 Pa，前室与走道之间的压差为 25~30 Pa。

2.2　隧道通风系统

2.2.1　区间隧道通风系统

（1）区间隧道通风系统由活塞通风与区间隧道机械通风组成，用以完成列车正常运行工况、阻塞工况、区间/车站火灾工况下的通风与防排烟要求。

（2）区间隧道通风系统在列车正常运行时，负责排出隧道内列车高速运行时产生的热量，控制隧道内温度、压力及空气品质须满足正常运行工况的设计要求；阻塞和火灾工况时，应提供一定的通风量，满足温度和风速控制标准。

（3）车站小里程端（A端）采用双活塞模式，活塞风井过风净面积均不小于 16 m^2；大里程端（B端）采用单活塞模式，活塞风井过风净面积均不小于 20 m^2。

（4）车站两端均应设置活塞风道和隧道风机房，活塞风道与隧道风机房。活塞风道采用土建风道，活塞风阀采用组合式电动钢制风阀，风阀净面积小里程端（A端）不小于 16 m^2，大里程端（B端）不小于 20 m^2。车站各活塞风道均预留消声器安装位置，或根据消声器厂家根据环评报告核算是否需安装。

（5）车站两端活塞风道内对应的每一条隧道应设置一台可逆转运行的轴流风机（共4台）和相应的组合式风阀，风机前后设置天圆地方和消声器，隧道风机布置既可满足两端的两台隧道风机运行独立，又可以相互备用或同时向同一侧隧道送风和排风。通过风机的启、停及风阀的转换满足正常、阻塞、火灾工况的转换。

（6）隧道风机采用卧式安装。车站小里程端（A 端）隧道风机风量为 60 m³/s，全压 894 Pa，电机功率 90 kW，隧道机械通风系统风阀净面积不小于 10 m²；车站大里程端（B 端）隧道风机风量为 90 m³/s，全压 1 022 Pa，电机功率 132 kW，隧道机械通风系统风阀净面积不小于 15 m²。隧道风机对内消声器长度为 2 m，对外消声器长度 3 m。

（7）隧道风机设置振动及轴温监测装置，射流风机设置振动和松动检测装置。

（8）隧道风机、射流风机、烟气流经的风道（管）、风阀及消声器等辅助设备均应保证在 280 ℃时能连续有效工作 1 h。

2.2.2 车站隧道通风系统

（1）车站隧道通风系统在列车正常运行，负责排除列车停留在车站隧道时，车载空调器的发热量及列车制动时产生的热量，控制隧道内温度及空气品质须满足正常运行工况的设计要求；阻塞和车站隧道火灾工况时，提供一定的通风量，须满足温度和风速控制标准。

（2）车站采用标准双端排热系统。车站两端均设有排热风井，排热风井应与车站通风空调系统排风井结合设置。小里程端（A 端）排风井面积为 13.5 m²、大里程端（B 端）排风井面积为 16.34 m²。

（3）车站设置轨顶排热/烟风道，轨顶排热系统以有效站台中心线作对称布置，分别负担半个车站的轨道排风。车站每端的排热风机房应与车站通风空调系统排风道结合设置。每个机房内一般设置 1 台排热风机，排热风机采用变频控制、卧式安装。小里程端（A 端）排热风机风量为 40 m³/s，全压为 800 Pa，电机功率为 45 kW，与风机连锁的组合式电动风阀净面积不小于 6.9 m²；大里程端（B 端）排热风机风量为 40 m³/s，全压为 750 Pa，电机功率为 45 kW，与风机连锁的组合式电动风阀净面积不小于 6.9 m²。排热风机进风口侧设置 2 m 长结构片式消声器，出风口侧消声器应与车站通风空调系统排风道消声器结合设置，还需设置 2 m 长结构片式消声器。车站轨顶风道断面面积不小于 2.7 m²，轨顶风道应在对应列车车载空调冷凝器位置设置排风口。轨顶排风道均采用土建式风道，通过风阀的开度调节两侧轨顶风道的排风量。

（4）当站台层公共区发生火灾时，两端的排热风机通过风阀切换利用轨顶排烟道或几种排烟管对站台公共区进行辅助排烟。

（5）排热风机设置振动及轴温监测装置。

（6）排热风机、烟气流经的风道（管）、风阀及消声器等辅助设备均应保证在 280 ℃时能连续有效工作 1 h。

2.3 空调水系统

2.3.1 空调水主系统

地下车站大、小系统的冷冻水由设置于站厅层设备管理用房区的冷水机房提供。冷水机房内一般设 2 台螺杆式冷水机组（WCC–01/02），对应设置 2 台冷冻水泵（CHWP–01/02）、2 台冷却水泵（CWP–01/02）和 2 台冷却塔（CT–01/02），2 台冷却塔设于风亭组附近地面，冷却塔选用超低噪声方形横流式冷却塔，以满足城市噪声控制标准。车站大、小系统冷冻水供/回水温度为 7~12 ℃，冷却水供/回水温度为 37 ℃~32 ℃。详细计算数据如下：

螺杆式冷水机组（WCC–01/02、冷媒 R134a，单机制冷量 511 kW，额定功率 105 kW）；

（1）冷冻水泵（CHWP–01/02、额定流量 90 m³/h，扬程 30 mH₂O，效率≥75%，变频运行）；

（2）冷却水泵（CWP–01/02、额定流量 110 m³/h，扬程 25 mH₂O，效率≥75%，变频运行）；

（3）冷却塔（CT–01/02、额定流量 132 m³/h，塔体扬程 4.1 mH₂O，风机双速）。

车站空调水应系统采用一次泵变流量系统，空调冷冻和冷却水泵均采用变频泵，空调冷冻水各供回水环路应分别从分、集水器上接出。分、集水器间设压差旁通装置，空调设备末端设一体式动态流量平衡电动调节阀，出入口、连通道等公共区域风机盘管回水总管采用动态平衡电动调节阀统一控制。

2.3.2 水质净化系统

冷冻水及冷却水均采用旁流综合水质处理站，应具有过滤、缓蚀、除垢、杀菌、灭藻等功能，除菌率、防腐蚀率均达到国家标准。

2.3.3 补水及定压

冷冻水系统采用高位开式膨胀水箱定压补水，膨胀水箱定压点压力为 0.12 MPa，水箱最高水位为 900 mm，最低水位为 150 mm，溢流水位为 950 mm，水箱应位于冷却塔附近。冷却水系统由补水管直接给冷却塔补水。

2.3.4 水系统末端

空气处理机组的回水管上均设置有一体式动态流量平衡电动调节阀，以保证系统水力平衡。平衡阀集温控和动态自动平衡于一体。平衡阀一方面可现场设定最大流量，并可显示实际流量，便于现场调试；还可根据空调机组出风段设置的温湿度传感器和温控器（或控制系统）的要求，对供水量进行无级调节，以满足室内温湿度的要求；同时，为保证末端空调水的正确节流，还应具备断电自动关闭功能。一次泵变流量系统中集水器和分水器间设置压差旁通控制装置。末端装置的进出水管之间均设连通管，以方便系统管道的冲洗。

2.3.5 空调水运行模式

车站通风空调系统处于空调模式时，空调水系统正常运行。管路上设置的各类阀门调节供水量，水系统采用一次泵变流量系统。水泵均变频运行，在最不利末端供回、水处设压差传感器，通过变频控制水泵流量保证末端流量，维持末端压差。在分集水器或供回水之间设连接旁通管和旁通阀，旁通管设计流量为单台主机流量，在冷冻水回水干管装设流量传感器，以控制旁通阀开闭。车站通风空调系统运行于通风模式时，空调水系统停运。车站任一区域发生火灾时，空调水系统停运。空调季节夜间车站大系统空调水支路的动态流量平衡阀关闭时，小系统维持运行。

车站设置风水联动控制系统，该控制系统应用现代计算机技术、自动控制技术、变频调速技术、系统集成技术等，对车站空调水系统及大系统（大系统设备主要包括柜机、新风柜机、机械排风机、回水管二通阀）的运行进行优化控制以提高空调系统能源利用效率。风水联动控制系统包含监控管理层、采集控制层、现场监测执行仪表层三级结构，具体由集中控制器、水泵（冷却、冷冻）变频控制装置、冷却塔风机高低速控制装置、网络设备以及各种传感器件及系统软件等组成。公共区通风空调大系统设备由智能低压系统进行直接监控，风水联动通过通信接口共享状态信息，并实现节能模式下的控制，空调水系统设备直接由风水联动节能控制系统进行监控。系统采用分布式控制，每个控制装置均设置分布式控制器，在系统网络故障时应能保证被控设备的正常运行。风水联动系统在车站冷水机房控制室设置集中控制柜、变频控制柜及大系统智能控制箱等（采集大系统传感器信息及控制 MOV 调节阀），冷水机房内设置信息采集箱、温度、流量、压差传感器等，在冷却塔处设置冷却塔就地控制箱。各集中控制柜、变频控制柜、信息采集箱及大系统智能控制箱通过通信网络与设备进行连接，就地控制箱、各类传感器及本系统监控设备，通过硬线或通信线与各控制柜/箱进行连接。控制系统具体事项由中标的系统集成商进行二次设计。水系统正常运行模式和火灾运行模式以车站通风空调工艺图为准。

第3章 其他机电专业深化设计及施工

3.1 设备安装要求

（1）设计中所选用的设备在安装时应严格按照厂家安装使用说明书要求。设备预留基础、地脚螺栓和预埋件必须与到货设备核实后进行施工，如遇有与设计不符之处，须与设计院研究后进行协调解决。所有运转设备均设减振基础，其中大型设备的减振器及减振台架均应由设备厂家配套供货。

（2）隧道风机（区间隧道和车站隧道）、大系统机械排风机、排烟风机前后的天圆地方均应开设检修口，检修空间不得被其他管线及墙体阻挡。风道内所有敞口的扩散筒、风管或天圆地方（含隧道通风、大、小系统）、与隧道风机直接连接的对内对外消声器，均应由本专业施工方设置防护网（防鼠网）。

（3）设计中通风空调系统的风口，风阀类部件均为生产厂家的定型产品，其产品均应满足设计中所提出的性能要求。所有风口均应设置人字闸。部件安装前均须按国家有关标准进行外观检查并做严密性及灵活性试验。应按照厂家使用说明书要求及有关建筑设备施工安装通用图及要求进行安装。

（4）吊式安装的空调机组，其安装要求均按厂家说明书执行，定位尺寸按施工图执行。其凝结水管道敷设应注意坡向排水点并保证不小于 0.01 的坡度。机组的进出水管与支管的连接应采用活接头连接。

（5）风机与风管，风管与静压箱的联接采用柔性短管（专用防排烟设备除外），入口的柔性短管可适当张紧安装，以防止风机启动时被吸入。

（6）通风机（专用防排烟设除外）底座采用减振装置时，其基础顶面宜附设底座水平方向的限位装置，但不得妨碍底座垂直方向的运动。

（7）吊装的风机、单体式空调器、多联式空调机组及消声器，宜在预埋钢板上焊接型钢。如采用膨胀螺栓固定时，每根吊杆顶端设型钢，并用膨胀螺栓固定型钢。

（8）组合片式消声器安装应符合下列规定：每个纵向段的吸声体组件竖直方向接口必须对齐，吸声体两侧外缘垂直度允许偏差为 0.001。吸声体各纵向段应相互平行，前端外缘应与气流方向垂直处于同一平面内，且中间连接结合牢固。各段间及与结构侧壁的距离应符合设计规定。组合后吸声体的顶部、底部及吸声体临近侧壁的一端，皆应与结构壁面结合牢固，在额定风量下不得出现松动或震颤现象。组合消声器下应有 C30 混凝土基础，基础尺寸及设置要求以消声器供货商的深化图纸为准。未填满风道的片式消声器与结构之间大于 200 mm 的空隙应按设计图纸或厂家的要求做 3 个面的封堵。

（9）组合风阀、射流风机、轨顶轨底排热风孔安装要求：

①组合风阀的安装应根据厂家安装要求进行施工，其安装强度应能满足在风阀开关各种工况下均能抵御活塞风（−500~2 000 Pa）频繁冲击，不松动或不脱落。

组合式风阀应按《排烟系统组合风阀应用技术规程》（CECS435：2016）的要求，具备一定的耐火性，其耐火完整性不应低于 2 h 的耐力时间。

②射流风机的安装强度须能满足活塞风（−500~2 000 Pa）频繁冲击，不松动或不脱落。

③轨顶排热风口安装强度应在各种开度情况下均能抵御活塞风（−500~+2 000 Pa）频繁冲击，不松动或不脱落。

④运营期间应对组合风阀、射流风机、轨顶轨底排热风口、站内吊装设备及支吊设施进行定期牢固、锈蚀情况检查，发现松动时应及时维修，发现锈蚀时应及时除锈并防腐。

（10）冷水机组、水泵、空调器的入口管道上应安装 Y 型过滤器。过滤器的孔径可按如下确定：

水泵进口 3 mm；空调器进口 2.5 mm；风机盘管进口 1.5 mm。

（11）暗装在吊顶内的风机盘管应设独立的检修口，其尺寸不小于 450 mm × 450 mm，检修口位于风机盘管接管侧，并应离接线盒 200~300 mm。

（12）设备支吊架、水管吊架应采用热镀锌型钢，不得采用全牙丝杆等进行安装。

3.2　风管安装要求

（1）风管管材要求：车站轨顶排风道采用土建施工风道。轨顶排热风接入排热风室风管、区间隧道风机消声器与组合式风阀连接风管采用冷轧钢板（隧道通风系统均采用 3 mm 厚冷轧钢板）。空调送风管（空调机组或风机盘管出风口至送风管末端）、空调回风管采用双面彩钢酚醛复合风管，车站除采用酚醛复合风管外的其他风管均采用热浸镀锌钢板制作（设置于车站新、排风道内和靠近新、排风道的通风空调机房内的各类风管采用钢板制作）。车站内通风空调系统的钢板材料厚度除特殊说明外，按表 3-1 选用。其中 $\delta \leqslant 1.2$ mm 的采用镀层质量为 235~385 g/m^3 的热镀锌钢板，$\delta \geqslant 1.5$ mm 的采用冷轧钢板。下列部位应采用 2 mm 厚冷轧钢板制作：大、小系统风机前后的天圆地方、静压箱（通风空调系统的静压箱强度应满足所在系统的正负压要求）。

（2）风管连接采用金属法兰连接，金属法兰采用热镀锌角钢。所有风管及配件均按现行《全国通用管道配件图表》制作，设计图中未标出测量孔位置，安装单位应根据系统运行调试要求在适当位置配置测量孔，其测量孔做法参考国标 06K131。所有宽边尺寸大于 600 mm 的风管，防火阀感温元件一侧（气流上游）均应在风管下方（有其他管线阻挡时在侧面）布设不小于 0.45 m × 0.45 m 的检修口。车站各大型隧道风机须在电机侧天圆地方变径管上布设 700 mm × 700 mm 检修孔，平时密封。所有风管支吊架采用热镀锌件。支吊架、风管等镀锌层破坏处采用涂刷环氧煤沥青漆进行防腐。各风压等级所采用风管尺寸如表 3-1 所列。

表 3-1 钢板风管板材尺寸表

矩形风管纵断面 大边长 b/mm	中低压 ≤1 500 Pa 板材厚度 /mm	高压 >1 500 Pa 板材厚度 /mm	矩形风管纵断面 大边长 b/mm	中低压 ≤1 500 Pa 板材厚度 /mm	高压 >1 500 Pa 板材厚度 /mm
100~320	0.8	2	360~450	0.8	2
500~1 000	0.8	2	1 120~1 250	1.0	2
1 400~2 000	1.0	2	2 500~3 000	1.2	2

（3）为避免矩形风管变形和减少系统运转时管壁振动而产生噪声，风管应进行加固。风管加固的详细做法及要求请按现行《地下铁道工程施工及验收规范》执行。

（4）风管制作尺寸的允许偏差：风管的外径或外边长的允许偏差为负偏差，≤630 mm 者偏差值为 –1 mm；>630 mm 则为 –2 mm。

（5）混凝土风道的通风表面要求在满足通风面积的情况下尽量抹平，保证绝对粗糙度 <3 mm。设备施工单位应对风道进行检验，如不能满足设计要求，要对局部进行打磨。进入长风道工作时应将风道各处留的门或孔盖板都打开，保持气流畅通。

（6）混凝土风道及风室上开的门或检修孔，应保证密闭，不能漏风，且向压力高的一侧开启。风道过结构伸缩缝时应填塞密实，保证结构变形后不漏风。

（7）风管穿越防火分区隔墙及楼板时，应设预埋管或防护套管，其钢板厚度不应小于 1.6 mm。风管与防护套管之间应用不燃且对人体无害的柔性材料封堵。风管穿过挡烟垂壁时，也应采用相同的非燃烧材料密封。

（8）通风空调系统中的弯管、三通、四通、异径管、导流片和法兰所用材料规格、板材厚度及连接方式与风管制作相同。除特殊标注外，所有 90° 弯头，当风管长边尺寸 ≥630 mm 时应设为内弧（R=200 mm）外直角加导流片型式，导流片半径 110 mm，间距 80 mm 布置；风管长边尺寸 <630 mm 时应设为内外弧形弯头；非 90° 弯头应设内外弧形弯头。弧形弯头法兰不得套在圆弧上。站厅、站台公共区接送风口支管处应设置可调节开度的导流片，以便于调试中平衡各风口风量。

（9）矩形风管所用法兰材料按大边长度确定如表 3-2 所列。

表 3-2　风管法兰规格表

矩形风管大边长 b/mm	法兰材料规格（角钢）	螺栓规格	矩形风管大边长 b/mm	法兰材料规格（角钢）	螺栓规格
≤630	$L25 \times 3$	M6	630<b≤1 500	$L30 \times 3$	M8
1 500<b≤2 500	$L40 \times 4$	M8	2 500<b≤4 000	$L50 \times 5$	M10

（10）设备及风管在支吊装前，其支吊杆及支吊杆架应采用膨胀螺栓固定在构筑物上，施工中采用的膨胀螺栓应根据其能承受的负荷认真选用。风管支吊架的制作安装按现行《地下铁道工程施工及验收规范》执行。风管吊架间距按不同大边长规格为 2~3 m。排烟风管吊架最大允许间距不得超过 1.5 m。当风管垂直安装时，其支吊架间距为 3 m，但每根立管的固定件不少于 2 个。当悬吊的主风管、支干风管长度超过 20 m 时，应设置防止摆动的固定点，每个系统不应少于 1 个。风管支吊架不得设置在风口、风阀、测定孔、检测门等处，吊架不得直接吊在法兰上。矩形保温风管的支吊架应设在保温层外部，吊杆及横担均不得直接与风管钢板接触，且不应破坏保温材料及贴面。风管吊架其构造形式由安装单位在确保安全可靠的原则下，根据现场情况，按照 GB 50243《通风空调施工质量验收规范》6.3.1 项。设置于土建风道（包括新、排风道，活塞风道）内的风管应采用型钢支吊。

（11）防火排烟风管的支吊架可单独设置，法兰两侧可加法兰垫圈。风管支吊架、紧固螺栓应选用热镀锌防腐，镀层厚度及质量应符合《金属覆盖层 钢铁制件热浸镀锌层技术要求及实验方法》（GB/T 13912—2002）的相关要求。支吊架等镀锌件的镀锌层破坏处采用涂刷环氧煤沥青漆进行防腐。防、排烟系统的风管支吊架应刷防火涂料，耐火极限同风管。

（12）风管与风管法兰间的垫片不应含有石棉及其他有害成分，且耐油、耐潮、耐酸、碱腐蚀，普通风管法兰垫片的工作温度不小于 70 ℃；排烟风管法兰垫片的工作温度不小于 280 ℃。

（13）风管安装时应注意风管和配件的可拆卸接口及法兰不得装在墙和楼板内，风管的纵向闭合缝必须交错布置，且不得在风管底部，风管安装的水平度允许偏差每米不应大于 3 mm，总偏差不应大于 20 mm，风管穿越高噪声的机房时，其通过墙壁或悬吊于楼板下的风管以及风管支架应做隔声处理。

（14）送风管各类风阀及风口不应安装在电器设备轮廓线投影范围的正上方（如空调送风口不能避开电器设备轮廓线投影范围，则应在电房设备上方设置接水盘，接水盘采用不锈钢材质），各类风口安装需与土建装修工程配合进行，要求横平、竖直、整齐、美观，对有调节和转动装置的风口，装后应保证转动灵活，对同类型风口应对称布置，同方向风口调节装置应置于同一侧。

（15）防火阀应按图示位置设置，离墙距离不得大于200 mm。所有防火阀均需要设置独立的支吊架，同时为方便检修，不应安装在高压电器设备的上方，具体安装要求参见防火阀安装图。安装防火阀时，应严格按有关规程及厂家的产品安装指南施工，其气流方向必须与阀体上标志箭头方向一致，执行器应考虑检修空间且不得被其他管线及墙体阻挡（各电动、手动阀均应考虑执行器或手操器检修空间）。

（16）风管的防腐和保温。

①普通薄钢板在制作咬接风管前，应预涂防锈漆一遍。镀锌钢板制作中镀锌层破坏处应涂环氧富锌漆两道。

②不保温的普通薄钢板风管内外表面各涂防锈漆两遍，外表面涂面漆两道。对排烟风管，在涂防锈底漆后，内外表面涂耐热漆两遍。防锈漆采用耐油耐水防锈防腐底漆，面漆颜色如装修专业无特殊要求均采用黑色。

③保温的风管应在保温前内外表面各涂防锈底漆两遍。在涂刷底漆前，必须清除表面的灰尘，污垢，锈斑，焊渣等物。

④站台门之外的所有风管保温必须采用不锈钢带（5 cm 宽）进行机械捆扎处理。其间距为300~350 mm，且每节至少捆扎两道。

⑤以下风管（管件）需保温：管内外空气有温差的小系统通风管（通风风管穿越空调房间时，为防止结露，应保温）、空调系统管路上钢板静压箱、空调系统管路上消声器、天圆地方、空调系统管路上各类风阀。空调风管保温采用铝镁质，密度为50~60 kg/m³，导热系数≤0.05 W/（m·K），铝镁质保温厚度按照δ=50 mm 考虑。保温做法请参见相应项目大样图。

（17）所有穿越墙及楼板的管道敷设及组合风阀安装后，其孔洞周围采用与墙体耐火等级相同的阻燃材料密封。穿楼板的孔洞应设混凝土挡水圈。

（18）酚醛复合风管安装要求。

①双面彩钢酚醛复合风管整体必须达到《GB 8624—2012 建筑材料及制品燃烧性能分级》中 A 级要求。

②酚醛复合风管需满足以下要求：板材总厚度不小于 25 mm，内层彩钢板厚度为 0.2 mm，外层彩钢板厚度为 0.3 mm。芯材密度≥65 kg/m³，弯曲强度≥1.05 MPa，导热系数≤0.025 W/m·k，热阻值不小于 1.0 m²·k/w。法兰、加固条、支撑件应采用金属材料制作，并采取有效的防冷桥措施；风管的粘结材料应为阻燃或难燃材料；风管耐压强度应满足现行《通风与空调工程施工质量验收规范》规定的中压要求。

③酚醛复合风管支吊架应采用专业绝热管托和衬托，避免酚醛板材由于集中压力而压碎。支吊架设置间距按照《通风与空调工程

施工规范》GB 50738—2011 的有关要求执行，并确保每节风管有独立的支吊架。

④酚醛复合风管与钢板风管以及酚醛风管与风管附件（含阀门、消声器、静压箱等）连接时，应采用专用法兰连接，避免冷桥的产生，且设置保温。

⑤酚醛风管法兰连接处保温后须采用机械捆扎加强。

⑥其他未尽事宜应参照《通风与空调工程施工规范》（GB 50738—2011）、《通风管道技术规程》JGJ 141—2017、《双面彩钢板复合风管制作与安装》17CK119-CC-Ⅰ、《非金属风管制作与安装》15K114 等相关施工规范、行业标准、国标图集的相关要求施工。

（19）风管预制加工、安装的顺序。基于 BIM 深化模型，生成风管、水管预制加工图纸，预配加工厂根据加工图纸进行工厂化加工，成品运到现场后直接安装，在提高生产质量的同时也极大提高了安装效率。风管预制加工、安装的顺序如图 3-1 所示：

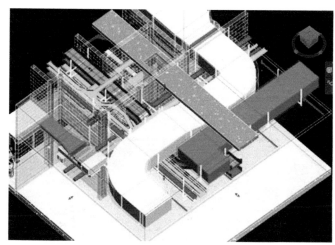

（a）综合管线 BIM 模型调整

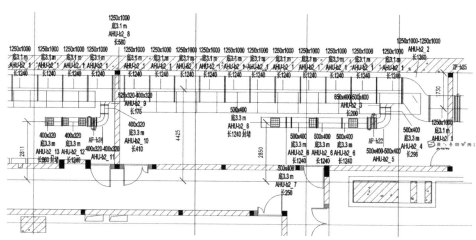

（b）风管分段并编号

图 3-1 风管预制加工实施步骤（单位：mm）

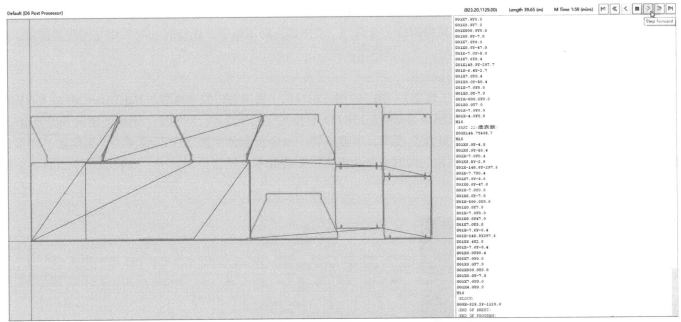

（c）模型转成 NC 代码

（d）风管生产线 / 数控等离子切割

（e）风管成品运送至现场

（f）现场安装

图 3-1　风管预制加工实施步骤（单位：mm）（续）

3.3　水管安装要求

（1）各种管道安装之前应核对管道与所通过之处建筑装修面的标高是否协调，在一些有吊顶及架空地板的房间应核实管道标高是否满足设备净空要求，以免因土建施工误差造成管道返工。

（2）空调水管采用无缝钢管、螺旋焊钢管，管径 >DN100 时采用法兰连接方式，管径 ≤DN100 时采用丝扣的连接方式。冷冻水管尽量利用弯头作自然补偿，无法满足要求时设波纹管补偿器，管道穿变形缝处应做金属软管。管道与设备、阀门、软接头等处采用法兰连接。公称压力等级为 1.6 Mpa，公称直径为 DN15~DN350。空调冷凝水管采用镀锌钢管，丝接。

（3）不锈钢管安装时不允许现场焊接，与设备和阀门连接的法兰短管等应在工厂定制完成。

（4）不锈钢管基管的材质、尺寸（外径与壁厚、允许偏差等）、外形（不圆度、弯曲度）、长度、重量、技术要求（钢的牌号和化学成分、制造方法、力学性能、工艺性能（液压试验、压扁试验、焊缝横向弯曲试验、晶间腐蚀试验）、无损试验、表面质量等）等参数均应符合《流体输送用不锈钢焊接管》（GB/T 12771—2019）标准中对不锈钢管道的要求。不锈钢管道的管件及其连接螺栓等附件应采用 304 或 304D 及以上不锈钢材质，其公称压力等级与不锈钢管道一致。承包人提供的不锈钢管道、管件及其连接螺栓等应为同一制造商生产。不锈钢管的外径 D 和壁厚 S 应符合《流体输送用不锈钢焊接管》（GB/T 12771—2019）、《不锈钢卡压式管件组件　第 2 部分：连接用薄壁不锈钢管》（GB/T 19228.2—2011）、《薄壁不锈钢承插压合式管件》（CJ/T463—2014）中的相关规定，并满足表 3–2 的要求。

（5）空调冷水管敷设，除图中注明外可不考虑坡度，但要求干管始末端抬高处增设 DN25 截止阀和自动排气阀（除图中已有位置外，施工过程中如由于各种原因引起管线升高、降低时应相应增设），在管道最低点设泄水阀或堵头。泄水阀排水应就近接入排水侧沟或地漏，且应避免设于吊顶内。自动排气阀需配套设检修用截止阀。

（6）法兰密封垫采用中耐热橡胶片。

（7）水系统安装完毕未做保温前应进行水压试验，试验可分不同环路进行。试验压力为 1 Mpa 时，须做到不渗不漏为合格，压力降不超过 20 kPa 为合格。试压时不可将设备接入管网。开动水泵对整个环路进行冲洗和 24 h 循环运行，直到冲洗干净，水系统未冲洗干净前不得与设备相连。空调冷凝水管安装完毕应进行灌水试验，以无渗漏、无反坡为合格，水压试验应将空调设备水管关闭，以隔断设备与管道闸的水压。

（8）水管穿越墙体或楼板处应设钢制套管，套管应与墙体装饰面及楼板底部平齐，上部应高出楼板装修完成面 50 mm，管道与套管的空隙采用隔热或阻燃材料填塞（具体做法见防火封堵图）。保冷水管与支吊架之间应有绝热衬垫，其厚度不小于绝热层厚度，宽度应大于支吊架支承面宽度。

（9）所有空调机组冷凝水必须保温且就近接入地漏或排水沟，并保证冷凝排水管不少于0.8％坡度坡向地漏或水沟。

选用不锈钢管的外径 D 和壁厚 S 的之间的关系如表3-3所列。

表3-3　不锈钢管的外径 D 和壁厚 S 的要求

公称直径 DN/mm	外径 D/mm	不锈钢管壁厚要求 S/mm	公称直径 DN/mm	外径 D/mm	不锈钢管壁厚要求 S/mm
15	15.9	0.8	20	22.2	1.0
25	28.6	1.0	32	34	1.2
40	42.7	1.2	50	48.6	1.2
65	76.1	1.5	80	88.9	2.0
100	108	2.0	125	133	2
150	159	2.0	200	219	2.5
250	273	3.0	300	325	4.0
350	377	4.0			

注：本表数据为最小壁厚度，实际壁厚度允许大于最小壁厚度。

（10）所有水管支吊架、紧固螺栓应选用热镀锌防腐，镀层厚度及质量应符合《金属覆盖层　钢铁制件热浸镀锌层技术要求及实验方法》（GB/T 13912—2002）的相关要求。管道支吊架的材料规格及形式和设置位置、间距由施工单位根据现场情况确定，做法参见国标相关图集及《通风与空调工程施工质量验收规范》GB 50243—2016规范要求。支吊架与其他专业管道共杆时应满足消防要求，并应核算吊杆、横担受力。支吊架水平安装间距在满足国家相关规范的前提下，不得大于表3-4的规定。

（11）所有支吊架、水管等镀锌层破坏处采用涂刷环氧煤沥青漆进行防腐。埋地或暗装时，管材应采用覆塑薄壁不锈钢管，外壁防腐材料不应含有氯离子成分。

（12）水系统与设备相连接头，必须能够在维修时方便拆除清洗，其靠近机组的管段必须独立支承且固定在附近的建筑物上，采用隔振型支架及柔性管接头以消除振动的传递。空调水泵与进水管之间采用偏心异径进行连接，管顶平接。管道与设备连接处应设独立支吊架。

表 3-4　水管支吊架间距表

公称直径 DN/mm	保温管 D/m	不保温管 S/m	公称直径 DN/mm	保温管 D/m	不保温管 S/m
15	1.5	2.5	20	2.0	3.0
25	2.5	3.5	32	2.5	4.0
40	3.0	4.5	50	3.5	5.0
65	3.5	5.0	80	3.5	5.0
100	3.5	5.0	125	4.2	6.0
150	4.2	6.0	200	4.2	6.0
250	5.0	6.5	300	5.0	6.5
>300	5.0	6.5			

（13）公称直径 $DN \leqslant 250$ mm 的冷却水管在穿越人防门内侧设置防护阀门（公称直径大于 250 mm 的冷却水管在穿越人防门内侧平时设置法兰短管，临战拆除法兰短管，安装盲法兰堵板封堵）；膨胀水管在穿越人防门内侧平时设置法兰短管，临战拆除法兰短管，均安装盲法兰堵板封堵。空调管道穿人防结构时，防护阀门与人防结构的近端面不宜大于 200 mm。防护闸阀与管道之间应采用法兰连接；闸阀的阀杆应朝上。

（14）管道的保温，水管保温材料厚度要求：为防止冷量损失和水管结露，冷冻水系统水管及附件和冷凝水管及附件应进行保温，当冷冻水管穿越墙体和楼板时，保温层不能间断，采用保温材料的保温厚度可参见具体项目保温大样图。管道附件的保温厚度与所连接管道相同（保温采用泡沫玻璃，A 级防火，导热系数 $\leqslant 0.046$ W/（m·℃）、透湿系数 $\leqslant 0.003$ kg/（s·m·Pa），密度：130 ± 10 kg/m^3）。

（15）并联水泵的出口管道进入总管应采用顺水流斜向插接的连接形式，夹角不应大于 60°。

（16）颜色及标识要求：识别色标牌颜色应采用国家颜色标准编号，艳绿色为 G03，淡蓝色为 PB03。冷却水管、空调冷冻水管、空调补水管、空调冷凝水管喷涂宽 150 mm 色环、标识文字及流向箭头长度不应小于 250 mm，宽度为 50 mm，颜色同相应管道识别色；色环、箭头、标识的文字间距 10 m，标识的场所应包括管道起点、终点、交叉处、转弯处、阀门和穿墙孔两侧管道上需要标识的部位。色环颜色、标识文字颜色内容等具体要求如表 3-5 所列。

表 3-5　管道喷漆色标

管道类别	识别色环	国标色号	喷字内容	喷字颜色
冷却水管	绿色	G03（艳绿）	LQ1/LQ2	G03（艳绿）
空调冷冻水管	绿色	G03（艳绿）	L1/L2	G03（艳绿）
空调凝结水管	淡蓝	PB06（淡蓝）	N	PB06（淡蓝）
空调补水管	绿色	G03（艳绿）	P	G03（艳绿）

　　根据项目实际需求，将项目所需的管道类型分好类别，同时制作好管道类型过滤器，以方便在建模或调整机电模型时隐藏某一部分管道和设备，只显示某一部分管道或设备，这样，就制作好标准化的项目样板，利于在实施过程中方便调用，如图3-2所示。

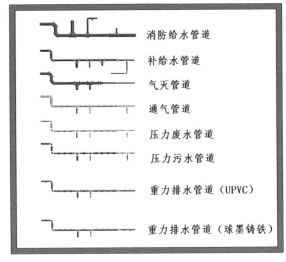
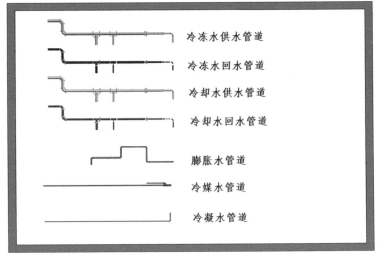

图 3-2　管道类型样板文件

3.4　水管、风管防火封堵要求

（1）防火封堵材料需符合强制性认证实施细则 CNCA-C18-02：2014 和强制性产品认证实施细则 CCCF-HZFH-01 的要求。

（2）防火封堵具体做法参考《地铁工程机电设备系统重点施工工艺——管、线、槽防火封堵》（14ST201-1）。

（3）风管穿过墙体或楼板处的防火封堵分两种情况施工，当风管穿墙或楼板处设有防火阀，其安装详图及防火封堵需参见防火阀安装图；当风管穿墙处没有设置防火阀，其防火封堵应参见项目相关详图（防火阀安装参考图及风管封堵详图）。

（4）金属水管的防火封堵按金属管道过墙/楼板封堵图施工，可参见项目相关施工详图。

（5）孔洞封堵的防火时效应不低于该墙体或楼板的耐火极限（不小于 3 h）。

3.5　机电专业施工注意事项

（1）各种设备安装顺序应尽量按先大型后小型，先设备后材料、管道的原则进行施工。

（2）各种管路在安装过程中，应根据车站各专业的综合管线图和施工布置详图进行安装，按避让原则，处理各专业管道的干扰及碰撞问题，协调好风管、水管、电缆桥架、消防给排水管及通信、信号、广播等问题的矛盾。车站在设备区走道及站台公共区位置设置成品综合支吊架，具体设置要求及形式详见项目相关车站综合管线具体施工设计图纸。

（3）通风空调工程安装完毕，应进行系统的测定与调试。系统调试分为设备单机试运转、空调系统无负荷联合测定与调试、空调系统带负荷联合试运转、空调系统设计负荷联合试运转、事故通风和排烟系统联合测定与调整（具体按现行《地下铁道工程施工及验收规范》的要求施工）。空调系统调试前，应保证系统范围内的设备和管道安装完毕、防火封堵实施完毕、风道和机房整洁、排水沟通畅、调试用的仪器设备准备齐全。

（4）大型设备的安装运输要注意隔墙砌筑顺序，大型组合式风阀应在需通过其孔洞运输的设备安装定位后再行安装。

（5）所有与设备连接的软接头，包括风机软接头、橡胶软接头、与设备连接的伸缩器等，均应就近采用固定支吊托架紧固，防止产生移位。

（6）所有设备，管道施工安装及调试要求，本说明未提及部分按照《通风与空调工程施工质量验收规范》（GB 50243—2016），《制冷设备、空气分离设备安装工程施工及验收规范》（GB 50274—2010）、《压缩机、风机、泵安装工程施工及验收规范》（GB 50275—

2010）、《机械设备安装工程施工及验收通用规范》（GB 50231—2009），《地下铁道工程施工质量验收标准》（GB/T 50299—2018）、《地铁工程机电设备系统重点施工工艺》14ST201—1~2等相关规范及国标图集的有关章节执行。

（7）风管、水管应做接地处理，法兰处应采用2根以上的导线跨接，具体做法详见国标图《15D502等电位联结安装》、《14D504接地装置安装》。

（8）环控排水沟及设备基础上方均应做防水，防止水渗漏到下层。

（9）安装于扶梯上方的风管须待扶梯安装完成后再施工，以免影响扶梯吊装。

（10）接入离壁沟的冷凝水管应在离壁墙砌筑之前安装好冷凝立管和检查口，以避免后期返工或安装困难。

（11）可正反转隧道风机正向定义为：排风（由隧道向外界排风）。可正反转射流风机正向定义为：由小里程向大里程为正。

（12）防烟、排烟系统中的送风口、排风口、排烟防火阀、送风风机、排烟风机、固定窗等应设置明显永久标识。防排烟系统的施工、调试、验收、维护管理应满足《建筑防烟排烟系统技术标准》GB 51251—2017的要求。原则上空调机房内标高低于2.5 m的管线和设备才允许采用落地支架，落地支架设置时应充分考虑检修维护，兼顾美观。总说明中的条款与施工图中的说明如有不符，以施工图中说明为准。

3.6 弱电专业【FAS系统】

全线火灾自动报警系统采用中央和车站二级管理，中央、车站、就地三级监控方式设置。第一级为中央级，作为FAS的控制中心，设置于OCC；第二级为车站级，作为FAS的集中控制，设置于各车站的车站控制室；第三级为就地级，作为FAS的现场设备，设置于全线各建筑的现场。

FAS构成包括信息管理层、控制层及设备层。信息管理层由中央级及车站级的ISCS组建，含服务器、工作站及全线骨干网等；控制层由FAS组建，含FACP盘及工控机等设备；ISCS信息管理层与FAS控制层通过工业级以太网接口连接。设备层由FAS现场设备组成，含探测器、模块、声光报警器等；控制层能够相对独立工作，即控制层脱离综合监控系统的信息管理层时，仍能独立运行。

车站级FAS由设在车控室的FACP、工控机及现场设备等组成，监视车站及所辖区间火灾报警，并显示报警部位。监视车站及所辖区间（包括区间隧道风机房和折返线、存车线）专用火灾报警设备的运行状态。

车站FAS设1台2 000点监控容量的FACP，FAS工控机和各种现场设备。FAS通过工控机为ISCS提供以太网接口，通过FACP为BAS提供一个RS485接口，在车站管辖范围的区间内设置了区间风机房或区间变电所车站的FACP同时提供一个与区域报警盘连接的接口。火灾时车站 FAS 发出火灾模式指令给 ISCS 和 BAS，FAS 负责消防泵、专用排烟风机、加压送风机、防火卷帘、AFC 闸机、ACS、广播、非消防电源的联动，其他非消防专用防排烟设备及 CCTV 分别由 BAS 和 ISCS 实现联动。消防泵、专用排烟风机、加压送风机等消防设备的手动控制由消防联动控制盘和 IBP 盘实现。

防火门监控系统和消防电源监控系统由控制层、设备层组成，控制层包含防火门监控主机和消防电源监控主机，设备层包含防火门监控模块和消防电源监控模块，通过 CAN 总线实现主机和监控模块之间的通讯。

电气火灾监控系统由监测主机、电气火灾监测探测器（含采集器等配件）、通信网络及系统软件组成。该系统用于监测低压配电系统中剩余电流相关参数项，并通过监测主机对采集的检测数据集中管理，当被监视线路中探测参数超过报警设定值时能发出报警信号和控制信号并指示报警部位。本项目只对低压开关柜室的 400 V 开关柜的非消防馈线回路设置剩余电流式探测器，电气火灾监测探测器的报警信息和故障信息须利用火灾自动报警系统的监视模块上传到火灾报警控制器。

3.7　弱电专业【BAS 系统】

（1）BAS 系统为综合监控系统子系统，其中央级与车站级集成在综合监控系统中，本系统采用以太网环网的组网方式。

（2）BAS 系统现场级主要由车站两端主备冗余 PLC 控制器（冗余配置）、站级维修工作站、I/O 模块、通信模块、交换机、各类传感器、动态流量平衡二通调节阀等设备及光纤组成，其中 A、B 端冗余 PLC 与智能低压采用 Modbus TCP/IP 连接组网，PLC 与远程控制箱采用以太网环网组网的方式。

（3）系统主要监控隧道通风系统、车站通风空调大系统、通风空调小系统、空调水系统、自动扶梯、电梯、给排水系统、低压配电、区间隔断门、防盗卷帘及照明等设备。系统与综合监控系统、FAS、智能低压、EPS、自动扶梯、电梯、智能照明、节能水系统、BAS 蓄电池检测仪等之间存在通信接网关均由本系统配置，车站通风空调大系统组合式空调器、大系统回排风机、大系统动态流量平衡二通调节阀、大系统传感器、冷水机组、冷冻水泵、冷却塔、水处理仪、电动蝶阀、水管上的压差旁通装置、流量传感器、压力传感器、温度传感器均纳入节能水系统，节能水系统根据采集到的传感器数据控制大系统的空调器、回排风机、态流量平衡二通调节阀、冷水机组、冷冻水泵、冷却塔，达到节能效果，节能水系统通过与 BAS 的通信接口上传以上设备的状态信息给 BAS；BAS 系统与过滤网压差报警装置、消毒净化装置、轴温检测装置、风机盘管（由低压设统一启停回路）、动态流量平衡二通调节阀、各类传感器、各类水泵、车站导向、区间隔断门、防盗卷帘、自动扶梯等存在硬线接口；BAS 与自动扶梯、电梯通过以太网口实现扶梯、电梯运维信息上传给综合监控系统。

3.8 弱电专业【ISCS 系统】

（1）综合监控系统分两级管理，三级控制。中心级负责全线系统设备的监视，并根据各种运行工况需求对涉及全线行车、供电和站与站之间的监控对象的控制、协调及管理。车站级负责对站内设备的监控和管理。在中心综合监控系统发生故障时，车站级系统通过权限设置实现对所辖设备系统的监控操作。

（2）综合监控系统的联动功能包括正常工况下对日常广播和列车进站广播的启动、开关站等；在区间火灾工况下对防排烟风机的模式进行控制，车站火灾工况下发布广播和 CCTV 的监控以及乘客信息系统的火灾信息；在阻塞工况下对相关车站隧道通风设备进行启动控制；在紧急工况下启动信息共享、联动等功能。

（3）IBP 盘作为"紧急情况下"或"在车站相关监控系统人机界面故障造成无法通过监控系统人机界面对重要被控设备进行监控操作时"的紧急后备操作手段，主要实现对信号系统、BAS、ACS、AFC、PSD、电扶梯、防淹门系统等重要被控设备的后备紧急控制及设备状态指示。

综合监控系统详细的功能说明。

综合监控系统与其他各系统的接口形式、接口数量、通信协议、接口功能的主要接口如下：

①与变电所综合自动化系统（PSCADA）底层变电所现场控制级设备接口。

接口 1：与变电所综合自动化系统（PSCADA）的接口。

接口位置：ISCS 与 PSCADA 分界点在综合监控设备室配线架接线端子侧。

接口类型 / 数量：10/100 M 以太网口 /2 路。

接口 2：与变电所电能质量信息系统的接口。

接口位置：ISCS 与变电所电能质量信息系统的分界点在综合监控设备室配线与架接线端子侧。

接口类型 / 数量：10/100 M 以太网口 /1 路。

②与环境与设备监控系统（BAS）接口。

接口位置：ISCS 与 BAS 分界点在综合监控设备室综合监控系统配线与架接线端子侧。

接口类型 / 数量：10/100 M 以太网口 /5 路（4 路与 PLC 的接口，1 路预留与 BAS 交换机接口用于电扶梯运维信息传递）。

③站台门（PSD）。

接口位置：ISCS 与 PSD 分界点在综合监控设备室配线与架接线端子侧。

接口类型 / 数量：10/100 M 以太网口 /2 路。

④广播系统（PA）。

接口位置 1：ISCS 与 PA 的分界点在综合监控设备室配线与架接线端子外线侧。

接口类型 / 数量：10/100 M 以太网口 /2 个。

接口位置 2：ISCS 与 PA 的分界点在车控室综合监控工作站的音频卡输出端处。

接口类型 / 数量：音频接口 /1 个。

⑤闭路电视系统（CCTV）。

接口位置：ISCS 与 CCTV 分界点在综合监控设备室配线与架接线端子外线侧。

接口类型 / 数量：10/100 M 以太网口 /2 个。

⑥与火灾报警系统（FAS）接口。

接口位置：ISCS 与 FAS 分界点在综合监控设备室配线与架接线端子外线侧。

接口类型 / 数量：10/100 M 以太网口 /3 个。

⑦与通信传输系统（TS）接口。

接口位置：分界点在通信设备室通信传输系统配线与架外线侧。

接口类型 / 数量：光口 /2 对。

⑧与车站不间断电源系统（UPS）接口。

接口位置：ISCS 与 UPS 分界点在综合监控设备室室配电架接线端子外线侧。

接口类型 / 数量：10/100 M 以太网口 /2 个（1 个是与 UPS 主机接口，1 个是与蓄电池检测仪接口）。

⑨与感温光纤系统（GXCW）接口。

接口位置：ISCS 与 FDTS 分界点在综合监控设备室配线与架接线端子排外线侧。

接口类型 / 数量：10/100 M 以太网口 /2 个。

⑩与乘客信息系统（PIS）接口。

接口位置：ISCS 与 PIS 分界点在综合监控设备室配线与架接线端子排外线侧。

接口类型 / 数量：10/100 M 以太网口 /2 个。

⑪与门禁系统（ACS）接口。

接口1：与门禁互联的接口。

接口位置：分界点在综合监控设备室配线与架接线端子排外线侧。

接口类型：10/100 M 以太网口 /2 个。

接口2：电源接口。

接口位置：分界点在综合监控设备室配电箱端子排侧。

接口类型：电源线 /6 路。

⑫与智能疏散系统（ZNSS）接口。

接口位置：ISCS 与 ZNSS 分界点在综合监控设备室配线与架接线端子排外线侧。

接口类型 / 数量：10/100 M 以太网口 /2 个。

⑬与自动售检票系统（AFC）接口。

接口位置：ISCS 与 AFC 分界点在综合监控设备室配线与架接线端子排外线侧。

接口类型 / 数量：10/100 M 以太网口 /2 个。

⑭预留与智能照明（ZNZM）接口。

接口位置：ISCS 与 ZNZM 分界点在综合监控设备室配线与架接线端子排外线侧。

接口类型 / 数量：10/100 M 以太网口 /2 个。

⑮IBP 盘与信号系统、FAS、BAS、ACS、AFC、PSD 接口。

接口位置：分界点在车站控制室 IBP 盘接线端子排外线侧。

接口类型：控制线接口。

第4章 BIM 设计施工图制图说明

（1）本图集中除标高及里程以米计外，其余标注尺寸均以毫米计，设备及管道标高以设备所在层公共区装修面为 ±0.00。

（2）本图集各标高均为未保温前管道（或设备）标高。一般情况下，风管为底标高，水管为中心标高（同时请注意图纸说明）。施工时应结合综合管线专业图纸，若本图册图纸与综合管线图纸管线有冲突时，原则上以综合管线专业图纸为准，并应及时向项目设计单位反馈并确认后实施。

（3）落地安装的风机、水泵、冷水机组、空调机组、风阀等设备基础范围内，土建预留钢筋，由机电安装承包商根据招标设备尺寸及其安装要求完成设备基础的二次浇注。

（4）各立式安装组合式风阀的墙体为混凝土墙，由土建施工单位负责实施，机电施工单位需根据组合式风阀安装要求核实现场条件，并负责对立式安装风阀孔洞多余部分（如有）进行封堵。风阀现场手操箱、TEF 风机振动轴温检测箱位置仅为示意，具体位置可根据现场情况进行调整。

（5）风道内消声器应设置素混凝土基础，由机电安装承包商根据消声器厂家深化设计后确定的尺寸及消声器安装的要求进行施工。

（6）车站中板、底板所有不设置风阀的风孔均须在孔洞周围设置不低于 1 m 高的不锈钢管作安全护栏；通向地面的风道，风井均须在开门处或维修人员路经处设置不低于 1 m 的不锈钢管作安全护栏。地面或风亭上设置的冷却塔占地周围应作围栏（以上内容由建筑专业在相关装修施工图中具体反映）。通风机传动装置的外漏部位以及直通大气的进出风口，风管伸入风道内的进、出风口必须装设防护罩（网），材质为不锈钢304。

（7）为避免造成视图混乱，剖面图一般只表示剖切位置的管线以及按剖视方向能看到的第一层面的管线。如果图面上管线较多，对一些次要管线及阀门等不作定位及标注。

（8）设备管理用房及走廊内：如设有吊顶，风口安装高度应与吊顶平齐；如不设吊顶，风口安装高度一般以满足辅助设备（调节阀等）安装长度为原则，层高超过 6 m 的车站，为确保房间空调使用效果，无吊顶的房间风口宜安装在 4 m 以下的高度（以房间装修完成面为基准，有静电地板的以静电地板完成面为基准面）。站厅站台公共区：回排风兼排烟风口应尽量高位布置（同时关注设计标高），送风口应敷设至离吊顶龙骨 200 mm 以内的位置（当送风主管上设置的送风口下引管超过 500 mm 时应进行固定）。

（9）设备区房间无组织自然引风或正压排风，应在房间隔墙上设置自然引风通风短管（采用镀锌钢板制作，钢板厚度 1 mm），该通风短管对房间侧和走道侧均须设置固定式单层斜百叶（风口齐墙体装修面）；设置了防火阀作为引风口的，防火阀应嵌墙安装，应使用嵌墙安装的防火阀的装饰面板将走道侧进行布置，以利于美观。设备区内自然引风（排风）口标高参考本图册"防火阀安装大样图"中要求或图纸标注要求执行。

（10）所有侧式送、排风口均须设置相应格栅或单层百叶风口，不得以防火阀代替风口，以利于美观。本图册所注风口尺寸均指其颈部接管尺寸。

（11）注意地区抗震设防烈度为 6 度乙类地区，按照国标《建筑机电工程抗震设计规范》（GB 50981—2014）的要求，必要时采取抗震措施。

（12）抗震支吊架设置范围如下：

（a）矩形截面面积大于等于 0.38 m^2 的通风空调风管；

（b）防排烟风道、为气体灭火房间服务的空调系统管道及相应的吊装设备；

（c）冷水机房、环控机房内的空调水管支吊架；

（d）管径大于或者等于 DN65 的室内给水或消防管道、自动喷水灭火系统和气体灭火系统管道；

（e）内径大于等于 60 mm 的电气配管及重力大于等于 150 N/m 的电缆梯架、电缆槽盒、母线槽；

（f）重力大于 1.8 kN 的吊装空调机组、风机等设备。

（13）通风空调系统具有抗震功能的成品综合支吊架由施工单位提供，由供货商进行二次深化设计。供货商选定支吊架型式后，应进行抗震验算，并根据验算结果调整抗震支吊架间距，直至满足抗震荷载要求。为确保支吊架在安装及运营期间的安全稳定，支吊架材料供应商需有能力进行支吊架系统的承载力验算，以确保各杆件、连接件和生根点的受力和变形满足使用要求，并提供详细的计算书，承受轴向力的支吊架，需另行进行体系承载力计算。计算标准参照现行国标《钢结构设计规范》进行。计算时，结构承载能力应考虑不小于 20 % 的安全余量。

（14）抗震支吊架材料、规格、要求应符合现行行业标准《建筑机电设备抗震支吊架通用技术条件》（CJ/T 476）的有关规定，并附有检测报告和出厂合格证。抗震支吊架的安装应按照 CECS 420：2015 中的 4.3 章节施工。

（15）施工单位应在开展工作前先与设计单位落实一次本专业与相关系统专业的供货及安装接口情况。如与施工图中说明不符，以设计单位解释为准。

第5章 BIM 设计开发、策划及过程控制

5.1 BIM 项目设计管控的目的

保证 BIM 设计业务开发、策划及作业过程控制的有效性，使设计文件满足规程、规范、法律、法规、合同及其他要求。

5.2 BIM 设计关键点定义

（1）BIM 项目决策阶段：指 BIM 预可行性研究和可行性研究阶段。

（2）BIM 项目实施阶段：设计准备阶段和设计阶段。

（3）工法实施。

①重点工程、重要的新技术、重要非标设计的主要设计原则、标准和设计方案。

②配合施工中需进行重大修改或处理的复杂技术难题或方案。

③设计变更。因业主要求的变更、法律法规和规范标准变化引起的更改、业主或业主委托的咨询公司审查后需要进行的更改、设计复查及优化设计引起的更改。

5.3 BIM 设计内容与要求

5.3.1 总要求

BIM 工程设计过程是按照合同、上级建设单位项目建议书或审查、批复意见，依据国家和行业的 BIM 标准、规程、规范和相关技术政策，开展工程建设设计的工作过程。设计成果应满足质量、环保和安全的要求。

5.3.2 BIM 设计流程及对应工作内容

BIM 设计流程及对应工作内容、各职责关系如表 5-1 所列，如图 5-1 所示。

5.3.3 BIM 项目角色职能

表 5-1 BIM 项目角色职能

序号	对应流程中节点号	工作内容	责任单位 / 人
1	1、2	获取项目信息，明确业主或顾客的需求及项目要求，并获得 BIM 项目技术支持单或委托协议书，作为开展工作的依据	业主、计划经营人员
2	3	对 BIM 项目进行评估（资源、风险等），决定是否承接，并将结果反馈任务来源方	经营计划人员、分管领导
2	4	结合 BIM 项目情况，对本项目的设计周期及人力资源配置进行策划，提出建议	BIM 实施计划管理
3	4	部门发文，成立 BIM 项目组（部）	BIM 计划管理备案
4	5	BIM 项目总体牵头，制定 BIM 项目的设计计划作业表、总体设计原则、各子专业设计细则等	BIM 总体、各专业 BIM 工程师
5	6	各专业根据项目情况分阶段收集必要的设计资料	各 BIM 专业工程师

续表

序号	对应流程中节点号	工作内容	责任单位 / 人
6	7	BIM 项目总体牵头，对输入资料进行评审，包括勘察资料、互提资料、审查鉴定意见、标准规范等	BIM 总体、各 BIM 专业工程师、专业总工
7	8	根据 BIM 设计输入资料开展设计工作，包括绘制图纸、计算工程数量，编制设计说明等	BIM 专业工程师
8	9	用同类计算方法或其他许可的方法，对图纸、工程数量和设计说明进行复核	资料复核者
9	9、10	审核计算方法、采用参数、设计说明等； 审核设计图纸的图面、图例符号、角标等；审核主要工程数量，编制设计说明书。必要时与类似工程相比对	BIM 专业工程师
10	11	审查设计方案是否合理，规模是否得当，主要工程措施是否正确，主要技术标准是否合理，并对输出资料进行评审	BIM 专业工程师
11	12	对提交前的 BIM 输出资料按审核分工进行最终确认	BIM 专业工程师 BIM 项目总工
12	13	将审定后汇编完成的 BIM 输出资料送印后交付给业主	BIM 总体
13	14	根据项目建设要求开展配合施工工作	BIM 专业工程师
14	15	编写技术总结并完成相应审核流程，修改后归档	BIM 专业工程师
15	16	BIM 设计工作结束后，专业设计负责人应按照规定的时间，将 BIM 资料进行归档	BIM 专业工程师 / 档案管理

5.3.4　设计策划

每个项目在开展设计之前，由部门分管领导主持召开会议，机电总体、各专业负责人就技术、工期、质量、资源配置等方面的问题进行策划，形成策划报告。

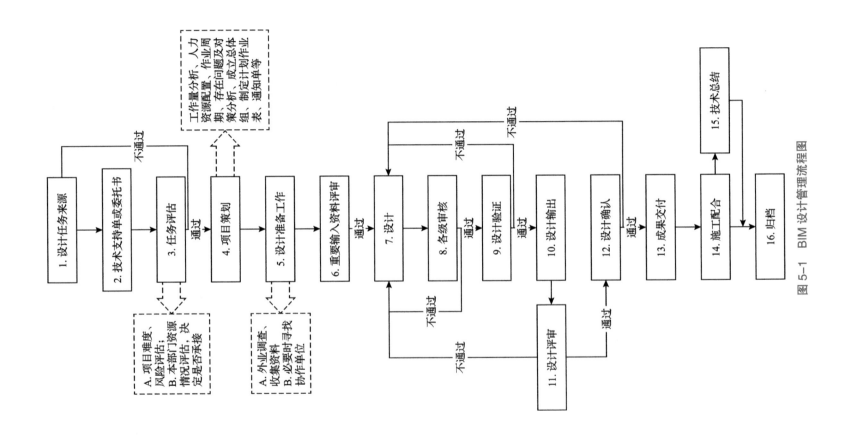

图 5-1 BIM 设计管理流程图

5.3.5　策划报告内容

1. 专题设计策划

（1）BIM 项目概况：项目来源、依据、规模、主要要求等。

（2）BIM 项目组织形式：总体组或项目组的组成、分管总工或领导人选的确定，主要工作项目分工等。

（3）BIM 计划工作量：任务范围、内容、主要方案等。

（4）BIM 人力资源计划：总体组主要人选、需外部协作单位完成的工作计划等。

（5）BIM 工期安排：项目主要工作计划开始日期、计划完成日期等。

（6）存在问题及对策措施：项目安排可能存在的问题以及相应的对策或措施。

（7）其他需要注意的问题。

2. 非专题设计策划

非专题设计策划包括制订计划作业表（或通知单）、编制总体设计原则、专业设计细则等。

（1）计划作业表（或通知单）制定如下：

①计划作业表用于涉及专业较多的大中型设计项目，一般包括封面、分发单位及份数表、编制说明（设计依据、设计范围及主要工作内容、有关要求及说明事宜等）、设计互提资料表、总体组成员名单、设计计划作业审查单等，作业表制定流程如表 5-2 所列。

②BIM 计划作业表（或通知单）一经发布，必须严格执行。客观原因将造成文件推迟时，应填写"设计推迟交付报告"说明原因。

③重要、关键、应急项目设计文件需调整作业表时，由计划管理人员报分管领导批准，并将处理意见及时传达到本作业表（或通知单）执行人员。

（2）BIM 设计原则：由机电总工主持、各专业设计负责人参加共同编制。各专业提供编制总体设计原则素材，经各专业总工审查后提交总组织，总组织汇总编制总体设计原则，主管总工程师审定后执行或提交。总体设计原则的主要内容应包括任务依据、设计范围、设计（或规划）年度、既有工程情况、主要技术标准、方案组成和深广度、建设规模、新技术的采用，以及各专业的设计原则、概算编制、文件组成、图纸规定等。

（3）专业设计细则：由专业设计负责人编制，审后经专业总工审定。专业设计细则是对总体设计原则的细化。细则内容应包括具体的设计依据、技术标准、技术参数、设计方法、类型、新技术、新工艺和必要的技术说明，需要时还应另附大样图等，以及本专业适用标准规范及相关法规。

表 5-2　作业表制定流程

序号	责任主体	流程	工作内容
1	BIM 计划管理	通知总体组织 制定 BIM 作业表	通知总设计师组织制定作业表（明确完工时间及相关要求）
2	BIM 专业工程师	总组织制定 BIM 作业表并签认	总设计师召集各专业负责人协商制订作业表，各专业负责人签认
3	BIM 项目经理	BIM 项目部确认	各生产部门对作业表进行确认
4	BIM 项目总工	总工审查	机电总设计师将作业表送技术中心分管总工审查确认
5	BIM 分管领导	各专业审查	总设计师将作业表送分管领导审查并确认
6	档案资料管理	发布	计划管理人员将计划作业表发布给相关人员或单位

注：对于内容单一、工作量较少的设计项目，可以用通知单的形式代替作业表。

5.3.6　BIM 设计输入

设计应输入的主要内容包括下列几方面：

①国家、地区和相关行业的法规、规程、规范、技术政策、合同等。设计中使用的法律、法规、规程、规范、标准图、通用图、技术政策等必须是现行有效文件。境外项目使用的法律、法规，技术标准、规范应是经投资方认可的或标书文件中明确的或委托方确定的国际或国内标准。

②上次设计阶段设计文件的审查、鉴定、咨询、评审意见。

③BIM 总体设计原则。

5.3.7　专业设计细则

（1）设计接口资料。设计接口资料应根据计划作业表安排的时间进行互提，在提供时应填写"设计接口资料提供单"和附件一起提供。设计接口资料经复核、专业设计负责人签认后提供给下道工序设计。对设计方案、工程投资影响较大的重要接口资料和提供给专业的工程数量（含纸质工程数量资料）应经专业总工审查签认后提供。接口资料发生变更，应按上述规定，重新复核、审查后，填写"设计接口资料更改通知单"，并及时提交相关专业。

（2）当设计输入资料发生更改时，应经设计负责人确认后方可使用。

（3）设计输入的有关资料、数据应有完整的记载，随设计成果资料一并归档。

5.3.8　BIM 设计输出

输出前应检查设计文件是否满足输入的要求，是否满足国家和行业的有关文件编制规定，以及是否满足合同和顾客要求。输出的 BIM 文件必须有完整的资料清单和签署标识。

（1）设计文件的编制由各专业所完成并对文件的质量负责。输出文件应符合法律、法规和技术、环保、安全要求，保证设计方案的正确性、合理性，保证设计文件的完整性，做到方案无遗漏、资料齐全、数据正确、图表清晰、说明简洁、签署齐全。

（2）设计过程的中间产品输出，应满足设计接口资料的要求。

5.3.9　BIM 设计输出内容

（1）预可行性研究报告

根据项目所在国家或地方政府批准的建设规划，收集相关资料，并经现场踏勘后编制。

（2）可行性研究报告

根据项目所在国家或地方政府批准的建设规划或项目建议书，从技术、经济等方面进行全面深入的论证。

（3）初步设计文件

根据批准的可行性研究报告进行现场调查，对局部方案比选，进行比较详细的设计后形成初步设计文件。

（4）BIM 施工图文件

施工图文件是工程实施和验收的依据，应根据初步设计审批意见，结合测量资料编制，为项目提供需要的图表和设计说明，并依据施工图工程数量编制投资检算。

（5）设计计算书

计算书（包括结构受力、光照、流场、热模拟等）是工程项目设计重要中间成果，其正确与否决定了最终成果的准确性和有效性，对于重要技术参数，设计者应提供计算书作为参数确定的依据，各级审核者对计算书进行审核。

设计计算书至少应包含以下内容：

①设计依据、基础资料。

②选用的计算方法和公式及其来源（原则上应采用公开发表的设计手册或规范中经认可的计算方法和公司）。

③必要的草图、示意图（当文字说明无法表述清楚时）。

④计算结果及结论说明。

（6）其他输出文件

①根据业主的委托书编制工程和设备标书或招标文件。

②根据业主要求或委托书编制的各项技术报告。

5.3.10 BIM 设计评审

BIM 设计评审通常采用设计文件逐级审查、设计文件质量评定或内部会议评审等方式进行。

（1）BIM 设计文件逐级审查。

为确保设计输出满足输入要求，在阶段性 BIM 设计成果（包括模型资料、文件和图纸）提交前，应由具有相应资格的设计人员进行设计审核。

审核人员可以是复核者、BIM 专业工程师、BIM 机电总设计师、专业总工。各级审核人员应按《岗位职责》规定的职责，认真做好设计审核工作，保证设计输出满足设计输入的要求。

BIM 设计文件应按公司"设计及技术文件分级审查与签署规定"逐级送审、签署，如漏审或漏签，其责任由 BIM 专业工程师承担。

（2）审查者对送审文件提出评审意见并将审查意见填写在"设计文件审查单"上，签字后交原送审者组织修改，修改后的文件应再送审查者确认（出差在外而文件又急于交付，可由替代人员代为确认）并签署"同意送审"后，方可送上一级审查。

5.3.11　设计验证

（1）为确保设计输出内容满足输入要求，在阶段性设计成果（包括资料、文件和图纸）提交前，应进行设计验证。

（2）验证人员可以是专业设计负责人、机电总体、专业总工。设计验证的目的是验证设计的结果是否符合输入资料和设计原则的要求。

（3）设计验证的过程控制。验证者对设计文件、图纸或计算单进行验证时，对验证有误或有不同意见的，除做好标识外，具体意见应填写"设计文件审查（复核）单"，以评审会形式进行的设计验证应出具设计评审记录，由设计者进行修改设计，当设计、验证意见不一致时，应随文件送上一级裁定。

对规模较大、方案控制因素较多的工程项目，应在设计过程中或设计成果提交前以会议形式形成记录。设计评审应由专业总工程师主持（涉及多个专业时应由总工程师主持），专业负责人和机电总设计师参加，设计评审结论，应经评审主持人确认后，发放至相关专业和人员执行，评审记录随文归档。

5.3.12　BIM 设计文件质量评定

质量评定单元一般为整册文件，附图、附表不单独评定。

（1）预可行性研究报告、可行性研究报告、初步设计和施工图，由各专业逐级送审进行评定。

（2）设计文件质量评定分为 A、B、C、D 四级，各级分数线为：

A 级：90~100 分；B 级：80~89 分；C 级：60~79 分；D 级：60 分以下。

（3）送审文件均应附"设计文件质量评定表"，凡未附表者文件予以退回，各级审查者不予审查。

（4）设计文件逐级评定后，由专业设计负责人将"设计文件质量评定表"随文归档。

5.3.13　BIM 设计确认

为了证实提交的最终 BIM 设计文件能够满足输出要求，在设计文件付印之前，应对 BIM 设计成果进行确认。设计说明书及图纸要根据"设计及技术文件分级审查与签署规定"中的分工，分别由文件或图纸的最后一级审核人，即 BIM 专业工程师、专业总工程师、总工程师作为确认者负责签署，必要时，可由确认者组织用户代表共同进行确认，但仍由该确认者负责签署。

5.3.14 BIM 设计确认应符合下列标准

（1）确认该阶段设计达到了规定的要求。

（2）主要设计原则、技术标准、方案论证符合法律法规、规程规范的要求，各级审查符合程序文件规定。

（3）BIM 总体设计原则得到贯彻，设计内容符合规定要求，各专业设计文件协调统一，无系统性矛盾。

（4）业主意见或合同要求得到落实。

（5）BIM 设计文件满足环境保护的要求。

（6）若设计文件或图纸未达到要求时，退回修改，修改后应再次确认。

5.3.15 设计变更的控制

经审定后的设计文件，如因顾客要求的更改、法律法规和规范标准变化引起的更改、上级审查后需要进行更改或设计复查及优化设计引起的更改，应符合下列规定：

①设计更改应按原设计分工及组织程序和相关职责进行。

②设计更改的一般规定有：

（1）BIM 总体设计负责人根据设计更改"任务通知单"作出具体安排，提出设计原则、文件编制及应交资料等要求，必要时制定 BIM 计划作业表。

（2）更改后的 BIM 设计图纸应注明更改范围及与原设计图的衔接关系，并应有工程数量对照表，说明部分应包括更改的原因和内容。

（3）更改后的 BIM 设计文件仍按设计控制有关规定进行验证和确认，若为重大方案、原则的更改，应视需要组织评审。

（4）所有经设计更改形成的设计文件均应标识，并按原设计文件发放范围分发。

（5）所有有关的评审、验证、确认记录均应随设计更改文件一并归档。

5.3.16 归档

BIM 设计文件交付后，应按照"计划作业表"的时间和要求及时归档。

（1）记录。

（2）BIM 技术支持单。

（3）BIM 总体组组建文件。

（4）设计作业表。

①通知单。

②作业表（通知单）确认表。

（5）BIM 设计推迟交付报告。

（6）项目会议信息表。

（7）BIM 设计接口资料提供单。

（8）BIM 设计接口资料更改通知单。

（9）BIM 设计文件审查（复核）单。

（10）设计评审记录。

（11）预可行性研究文件质量评分表。

（12）可行性研究文件质量评分表。

（13）BIM 初步设计文件质量评分表。

（14）BIM 施工图文件质量评分表。

（15）BIM 设计文件 / 资料分发记录单。

5.4　BIM 设计管理单据资料及图纸模板

5.4.1　BIM 派工单模板范例

在 BIM 智能建造项目实施过程中，采用的 BIM 派工单如表 5-3 所列。

表 5–3　工程项目 BIM 派工单

XXXX 项目 BIM 派工单			
项目名称：	XXXX 项目		
项目概况：	XXXX（项目概况和实施范围简述） **参照标准：**（1）《XXXX》；（2）《XXXX》；（3）《XXXX》；		
派工单位：		**人员入场时间：**	
派工内容：	XXXX 专业建模	**派工编号：**	单位–项目–专业–日期（简拼缩写）
建模名称：		**被派人员：**	
发起人：		**派工发起日期：**	XXXX–XX–XX
发起状态：	已发起	**计划完成工日（/ 天）：**	
派工发起评审结果：	通过 / 不通过	**项目专册审批：**	
项目总工审批：		**项目经理审批：**	
说明： 从派工单发起日期起，被派人员必须按照计划完成工日规定时间（含双休日，除国家法定节假日外）完成工作，项目组成员在建模或调模过程中遇到问题应及时反馈至项目部经理 / 副经理 / 总工 / 项目专册进行协商解决，初版模型完成后由项目部经理 / 副经理 / 总工 / 项目专册审核并将修改意见反馈给被派人员进行修改，修改后的模型经审核无误后方可由项目部经理或副经理交付给业主方。			

5.4.2　工程 BIM 模型 / 图纸审查意见表

在 BIM 智能建造项目实施过程中，采用的 BIM 模型 / 图纸审查意见表如表 5-4 所列。

表 5-4 BIM 模型 / 图纸审查意见表

编号：XXXX　　　　第 XX 页，共 XX 页

<table>
<tr><td>图纸意见审查单位</td><td colspan="5">XXXX</td></tr>
<tr><td>建模单位</td><td colspan="5">XXXX</td></tr>
<tr><td>车站名称</td><td colspan="2">XXXX 站</td><td>模型阶段</td><td colspan="2">机电施工图阶段</td></tr>
<tr><td>模型名称</td><td colspan="2">XXXX 站</td><td>意见提出日期</td><td colspan="2"></td></tr>
<tr><td>主题</td><td colspan="2">XXXX 模型合规性审查</td><td>模型完成时间</td><td colspan="2"></td></tr>
<tr><td>检查人</td><td></td><td>日期</td><td></td><td rowspan="2">总页数</td><td rowspan="2"></td></tr>
<tr><td>审定</td><td></td><td>日期</td><td></td></tr>
<tr><td colspan="6">审查结果：　需修改□　模型通过审查 □</td></tr>
<tr><td>接收单位</td><td>项目经理 / 副经理 / 总工 / 专册</td><td>接收人</td><td></td><td>接收日期</td><td></td></tr>
<tr><td colspan="6">模型审查意见</td></tr>
<tr><td>序号</td><td colspan="5">模型审查意见内容</td></tr>
<tr><td rowspan="2">1</td><td colspan="5">审查意见综述：</td></tr>
<tr><td colspan="5">意见回复：</td></tr>
</table>

5.4.3 工程机电设备排产单（范例）

在 BIM 智能建造项目实施过程中，采用的工程机电设备排产单如表 5-5 所列。

表 5-5 工程机电设备排产单

XXXX 工程机电设备排产单							
到货地点	设备编号	设备名称	安装方式	设备型号	设备参数	外形尺寸 /mm	设备重量
					电机功率 额定电压 额定电流 接口方式 接口类型 ……		kg
XXXX 站	AHU-A01	组合式空调机组	吊装	FSMZK3444-1210	电机功率 P=75 kW； 风量 Q=121 000 m³/h； 余压 P_o=650 kW； 冷量 Q_c=556 kW； 送风口 3 200×1 100； 回风口 3 200×1 100； ……	8 000×4 400×3 460	——
……	……	……	……	……	……	……	……

5.4.4 技术文件交接记录表

在 BIM 智能建造项目实施过程中，采用的技术文件交接记录表如表 5-6 所列。

表 5-6　技术文件交接记录表

编号：单位编码 - 行业编码 - 项目编码 - 单据编码

项目名称			
阶段	施工图设计阶段	交接时间	**XXXX 年　XX 月　XX 日**
提交部门（签章）		提交人（手签）	
接收部门（签章）		接收人（手签）	
技术文件交接内容： 1. **BIM　XX 阶段 XX 专业图纸（XX 格式），XX 套（共 XX 张）** 2. **BIM 模型 XX 阶段（XX 格式），XX 套（共 XX 个）** 3. **BIM 排产单（XX 格式），XX 套（共 XX 个）** 4. **XX 专业管线物资编码二维码标签（XX 格式），XX 套（共 XX 个）** …… 交接内容详见附表。			

5.4.5　技术文件交接记录表附表

在 BIM 智能建造项目实施过程中，采用的技术文件交接记录附表如表 5-7 所列。

表 5-7　技术文件交接记录附表

XXXX 单位技术文件交接记录表附表（附表共　XX 页，XXXX 年 XX 月 XX 日）		
单位编码 – 行业编码 – 项目编码 – 文件编码	文件名称 + 具体日期	CAD 图纸
命名规则同上	文件名称 + 具体日期	BIM 模型
命名规则同上	文件名称 + 具体日期	Excel 表格
命名规则同上	文件名称 + 具体日期	EXE 漫游视频
命名规则同上	文件名称 + 具体日期	CAD 图纸
命名规则同上	文件名称 + 具体日期	CAD 图纸
……	……	……
备注：		

5.4.6　综合支吊架节点计算书范例

设备区采用的综合支吊架计算书模板如表 5-8 和表 5-9 所列。

5.4.7　暖通预制风管工程量清单模板范例

在风管预制实施过程中，采用的暖通预制风管工程量清单模板如表 5-10 所列。

表 5-8　综合支吊架节点计算书

综合支吊架节点计算书

项目名称:		项目地址:		
支吊架类型:		支吊架编号:		楼层:
构件信息		**支撑信息**		
横向荷载 /N:		竖杆规格 /mm:		栓接 / 焊接
额定荷载 /N:		竖杆长度 /mm:		连接螺栓型号
纵向荷载 /N:		横担规格 /mm:		
额定荷载 /N:		横担长度 /mm:		
根部连接构件型号:		备注:		
额定荷载 /N:		**综合支吊架受力云图**		
管部连接构件:				
额定荷载 /N:				
锚栓信息				
锚栓规格:				
锚栓安装方向:				
钻头直径 /mm:		（插入受力云图图片）		
有效锚固深度 /mm:				
安装扭矩 /（N·m）:				
抗拉承载力 /N:				
抗剪承载力 /N:				

荷载计算信息

水平地震荷载（N）:　　　　　　　　　　　　　　　　　　　　　计算值小于 0.5 时，按 0.5 取值

管道类型	规格 /mm	数量	作用范围		计算荷载	
			侧向	纵向	侧向荷载 /N	纵向荷载 /N
					合计:	合计:
深化设计:			审核:		日期:	

表 5-9 校核计算书

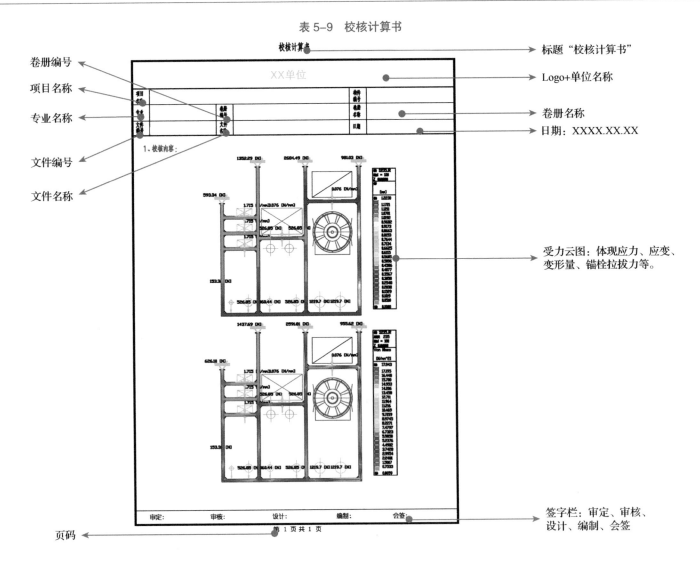

表 5-10　暖通预制风管工程量清单模板

矩形风管（范例）	规格尺寸	风管编号	标准段总长 /m	标准段数量 / (L=1.24 m)	风管展开面积 / ㎡	安装位置
	1 000 × 500	AHU-A01_06	3.72	3	11.16	XXX 站站厅层
		SEF-A01_06	13.64	11	40.92	XXX 站站厅层
	1 000 × 630	AHU-A01_41	13.64	11	44.47	XXX 站站厅层
		AHU-B01_20	28.52	23	92.98	XXX 站站厅层
	1 000 × 800	RAF-A01_28	7.44	6	26.78	XXX 站站厅层
		RAF-B01_05	31.00	25	111.60	XXX 站站厅层
		WF-B_03	6.20	5	22.32	XXX 站站厅层
	1 250 × 630	AHU-A01_02	11.16	9	41.96	XXX 站站厅层
		RAF-B01_19	9.92	8	37.30	XXX 站站厅层
		SEF-A02_03	14.88	12	55.95	XXX 站站厅层

…………

5.4.8　暖通预制风管（标准段）工程量清单模板范例

在风管预制实施过程中，采用的暖通预制风管（标准段）工程量清单模板如表 5-11 所列。

表 5-11　暖通预制风管（标准段）工程量清单模板

暖通风管管件工程量统计表（范例）				
名称	系统类型	规格 /mm	长度 /m	系统编号
矩形风管	大系统送风	630×400	47.84	AHU-A01
矩形风管	大系统送风	1 600×500	9.65	AHU-A01
矩形风管	大系统送风	1 600×630	27.69	AHU-A01
矩形风管	大系统送风	2 400×630	14.55	AHU-A01
矩形风管	大系统送风	2 400×1 000	30.65	AHU-A01
矩形风管	大系统送风	400×250	4.49	AHU-B01
矩形风管	大系统送风	800×500	50.88	AHU-B01
矩形风管	大系统送风	1 000×630	39.18	AHU-B01
矩形风管	大系统送风	1 600×1 600	4.08	AHU-B01
矩形风管	大系统送风	2 000×630	7.10	AHU-B01
矩形风管	大系统送风	2 500×1 000	5.44	AHU-B01
矩形风管	大系统回风兼排烟	630×500	43.49	RAF-A01
矩形风管	大系统回风兼排烟	800×630	59.61	RAF-A01
……………				

5.4.9　暖通预制风管附件工程量清单模板范例

在风管预制实施过程中，采用的暖通预制风管附件工程量清单模板如表 5-12 所列。

表 5-12 　 暖通风管附件工程量统计表（范例）

暖通风管附件工程量统计表（范例）				
名称	系统类型	尺寸 /mm	编号	数量
01 手动多叶调节阀	大系统送风	800 × 320–800 × 320	01 手动多叶调节阀	1
01 手动多叶调节阀	大系统送风	800 × 320–800 × 320	01 手动多叶调节阀	1
01 手动多叶调节阀	大系统送风	800 × 320–800 × 320	01 手动多叶调节阀	1
01 手动多叶调节阀	大系统回风兼排烟	1 000 × 800–1 000 × 800	01 手动多叶调节阀	1
01 手动多叶调节阀	大系统回风兼排烟	400 × 250–400 × 250	01 手动多叶调节阀	1
01 手动多叶调节阀	大系统回风兼排烟	1 000 × 800–1 000 × 800	01 手动多叶调节阀	1
04 电动防火阀（70 ℃）	大系统回风	2 500 × 1 000–2 500 × 1 000	DF–B1	1
02 电动多页调节阀	大系统送风	1 600 × 630–1 600 × 630	DT–A6	1
02 电动多页调节阀	大系统回风兼排烟	2 400 × 630–2 400 × 630	DT–A9	1
02 电动多页调节阀	大系统送风	2 000 × 630–2 000 × 630	DT–B4	1
02 电动多页调节阀	大系统回风兼排烟	1 600 × 800–1 600 × 800	DT–B5	1
02 电动多页调节阀	大系统排风	1 000 × 800–1 000 × 800	DT–RF–B1	1
01 手动多叶调节阀	大系统排风	1 000 × 800–1 000 × 800	DT–RF–B2	1
02 电动多页调节阀	大系统送风	1 600 × 1 600–1 600 × 1 600	DTS–B1	1
止回阀	排烟系统	1 600 × 1 000–1 600 × 1 000	NRD–B1	1
03 防火阀（70 ℃）	大系统送风	1 250 × 630–1 250 × 630	ZF–A6	1
03 防火阀（70 ℃）	大系统送风	1 600 × 630–1 600 × 630	ZF–A8	1
01 手动多叶调节阀	大系统送风	1 000 × 630–1 000 × 630	ZF–B8	1
03 防火阀（70 ℃）	大系统送风	1 000 × 630–1 000 × 630	ZF–B8	1
05 防火阀（280 ℃）	排烟系统	1 250 × 630–1 250 × 630	ZP–A15	1
05 防火阀（280 ℃）	大系统回风兼排烟	1 500 × 900–1 500 × 900	ZP–A5	1

....

5.4.10 给排水 / 消防管道工程量统计表（范例）

在给排水 / 消防管道预制实施过程中，采用的给排水 / 消防管道工程量统计如表 5-13 所列。

表 5-13 给排水 / 消防管道工程量统计表（范例）

给排水 / 消防管道工程量统计表（范例）			
名称	系统	尺寸 /mm	长度 /m
薄壁不锈钢管	J- 生产 / 活给水管	20	18.43
薄壁不锈钢管	J- 生产 / 活给水管	25	145.98
薄壁不锈钢管	LQ1- 冷却水供水管	200	140.38
薄壁不锈钢管	LQ1- 冷却水供水管	80	13.01
薄壁不锈钢管	LQ2- 冷却水回水管	200	135.24
薄壁不锈钢管	补给水管	65	9.69
镀锌钢管	LN- 冷凝管	25	88.08
镀锌钢管	LN- 冷凝管	32	64.09
镀锌钢管	XH- 消火栓给水管	100	3.54
镀锌钢管	XH- 消火栓给水管	150	1 233.57
厚壁无缝钢管	L1- 冷冻水供水管	100	10.11
厚壁无缝钢管	L1- 冷冻水供水管	200	4.75
排水铸铁管	W- 重力污水管	50	33.07
…………			

5.4.11　弱电专业桥架工程量统计表（范例）

在弱电专业桥架预制实施过程中，采用的弱电专业桥架工程量统计表如表 5-14 所列。

表 5-14　弱电专业桥架工程量统计表

弱电专业桥架工程量统计表（范例）		
名称	尺寸 /（mm×mm）	长度 /m
ACS 桥架	100 × 100	895.77
AFC 桥架	100 × 100	37.54
BAS 桥架	100 × 100	23.52
FAS 桥架	100 × 100	23.52
GD 桥架	200 × 100	110.71
GD 桥架	400 × 200	20.55
ISCS 桥架	100 × 100	853.97
PSD 桥架	50 × 50	203.21
RF 桥架	320 × 150	1 294.76
动照桥架	200 × 100	518.56
通信桥架	300 × 150	1 229.05
通信桥架	400 × 200	1 537.40
············		

5.4.12 冷水机房主要设备统计表（范例）

在冷水机房预制过程中，采用的冷水机房主要设备统计表如表 5-15 所列。

表 5-15 冷水机房主要设备统计表

冷水机房主要设备统计表（范例）			
设备名称	设备编号	数量	备注
冷水机组	WCC-1	1	WCFX23SRVEH_ 左式
冷水机组	WCC-2	1	WCFX24SRVEH_ 右式
空调分水器	DWH	1	$DN800$, L=3 000 mm
空调集水器	CWH	1	$DN800$, L=3 000 mm
定压补水装置	MWP	1	罐体 Φ=800，流量：6 m/h，扬程：20 m，功率：2×3 kW
空调机组	AHU-b2	1	FSMZGK2229-530
空调机组	AHU-B	1	FSMZK2835-730
空调机组	AHU-b1	1	FSMZGK1017-91
冷冻水泵	CHWP-1	1	SEG125-160A
冷冻水泵	CHWP-2	1	SEG125-160A
冷却水泵	CWP-1	1	SEG125-160A
冷却水泵	CWP-2	1	SEG125-160A
全程水处理器	WP-1	1	
全程水处理器	WP-2	1	
旁流水处理器	PL-1	1	
旁流水处理器	PL-2	1	
全自动加药装置	ADFE-1/2	2	
风机	EAF/SEF-b3	1	
············			

5.4.13　标准图框图幅尺寸（单位 mm）

BIM 出图采用的标准图框（A1~A4）如图 5-2 所示。

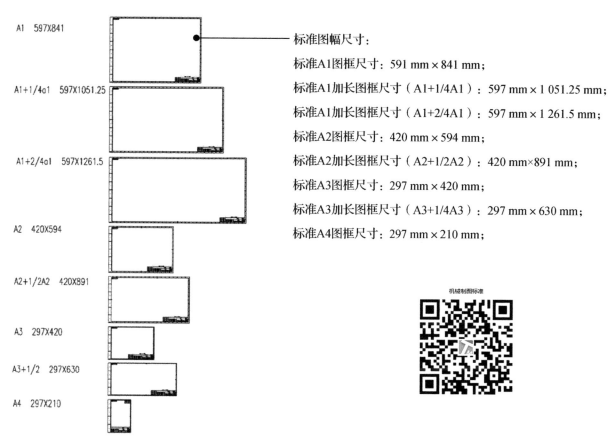

标准图幅尺寸：

标准A1图框尺寸：591 mm × 841 mm；

标准A1加长图框尺寸（A1+1/4A1）：597 mm × 1 051.25 mm；

标准A1加长图框尺寸（A1+2/4A1）：597 mm × 1 261.5 mm；

标准A2图框尺寸：420 mm × 594 mm；

标准A2加长图框尺寸（A2+1/2A2）：420 mm×891 mm；

标准A3图框尺寸：297 mm × 420 mm；

标准A3加长图框尺寸（A3+1/4A3）：297 mm × 630 mm；

标准A4图框尺寸：297 mm × 210 mm；

图 5-2　标准图框图幅尺寸

5.4.14 标准图纸标题栏尺寸及信息范例（单位 mm）

BIM 出图，标题栏尺寸及信息如图 5-3 所示。

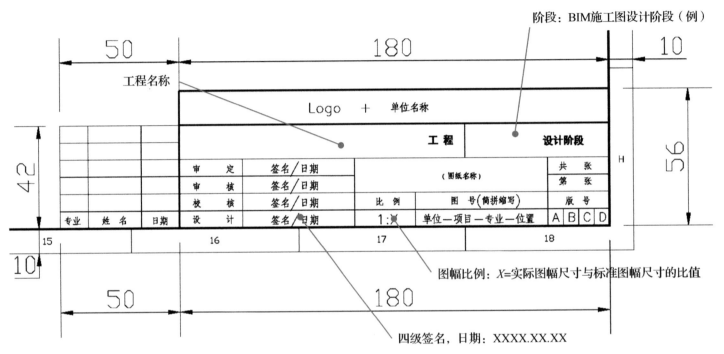

图 5-3 标准图纸标题栏尺寸及信息

5.4.15 国标规定标准标题栏

如图 5-4 所示，图样中的尺寸，以 mm 为单位时，不需注明计量单位代号或名称。若采用其他单位则必须注明相应计量单位或名称。

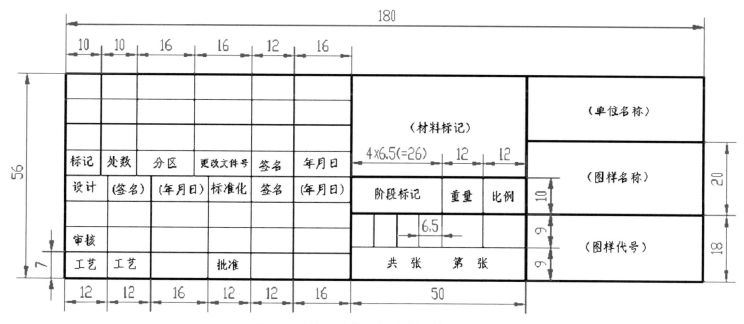

图 5-4　国标规定的标准标题栏（单位：mm）

（1）尺寸界线：尺寸界线用细实线绘制，一般是图形的轮廓线、轴线或对称中心线的延长线，超出尺寸线约 2~3 mm。也可直接用轮廓线、轴线或对称中心线作尺寸界线。尺寸界线一般与尺寸线垂直，必要时允许倾斜。

（2）尺寸线：尺寸线用细实线绘制，必须单独画出，不能用其他图线代替，一般也不得与其他图线重合或画在其延长线上。并应尽量避免尺寸线之间及尺寸线与尺寸界线之间相交。尺寸线应与所标注的线段平行，平行标注的各尺寸线的间距要均匀，间隔应大于 5 mm，同一张图纸的尺寸线间距应相等。标注角度时，尺寸线应画成圆弧，其圆心是该角的顶点。

（3）尺寸线终端：尺寸线终端有两种形式，箭头或细斜线。箭头适用于各种类型的图样。当尺寸线终端采用细斜线时，尺寸线与尺寸界线必须垂直。同一张图样中，只能采用一种尺寸线终端。采用箭头时，在位置不够的情况下，允许用圆点或斜线代替。

（4）尺寸数字：线性尺寸的数字一般注写在尺寸线上方或尺寸线中断处。尺寸数字不能被任何图线通过，否则应将该图线断开。

5.5　冷冻／冷却水泵组水管部件连接图例（一）

冷冻／冷却水泵组水管部件连接画法如图 5-5 所示。

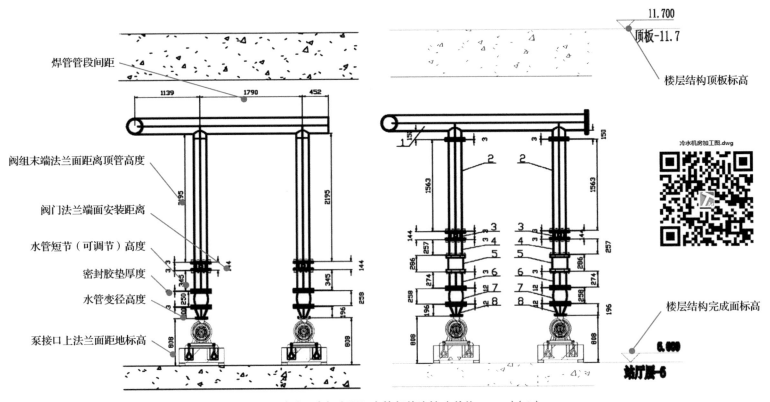

图 5-5　冷冻／冷却水泵组水管部件连接（单位：mm）（1）

5.6　冷冻 / 冷却水泵组水管部件连接图例（二）

冷冻 / 冷却水泵组水管部件连接画法如图 5-6 所示。

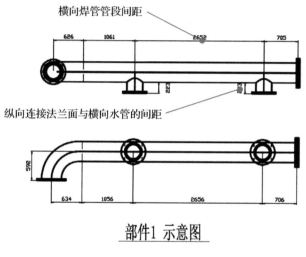

横向焊管管段间距

纵向连接法兰面与横向水管的间距

部件1 示意图

名称	编号	材质	规格	数量	备注
主管下开口	ZJCDDT-17-WQ-1	无缝钢管	DN250×DN200×DN250	1	详见单件图
管段	ZJCDDT-17-WQ-2	无缝钢管	DN200	2	
蝶阀	ZJCDDT-17-WQ-3	铸铁	DN200	2	
管段	ZJCDDT-17-WQ-4	无缝钢管	DN200	2	
止回阀	ZJCDDT-17-WQ-5	铸铁	DN200	2	
管段	ZJCDDT-17-WQ-6	无缝钢管	DN200	2	
橡胶软接	ZJCDDT-17-WQ-7	橡胶	DN200	2	
同心变径	ZJCDDT-17-WQ-8	无缝钢管	DN200/DN80	2	

明细表：包括管段/管件名称、编号、材质、规格（含单位）、数量（含单位）、备注信息等。

图 5-6　冷冻 / 冷却水泵组水管部件连接（单位：mm）(2)

5.7　冷冻泵 / 冷却泵三维图例

冷冻泵 / 冷却泵及接管、阀组、减震底座 BIM 模型图例如图 5-7 所示。

5.8　消防泵房三维图例

消防泵房设备接管、阀组 BIM 模型图例如图 5-8 所示。

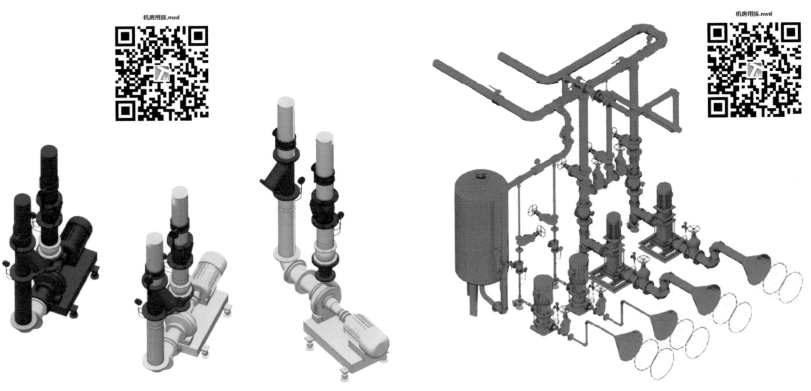

图 5-7　冷冻泵／冷却泵及接管　　　　　　　　　　　图 5-8　消防泵房 BIM 图例

5.9　二次砌筑预留孔洞图范例

BIM 出图，二次砌筑预留孔洞如图 5-9 所示。

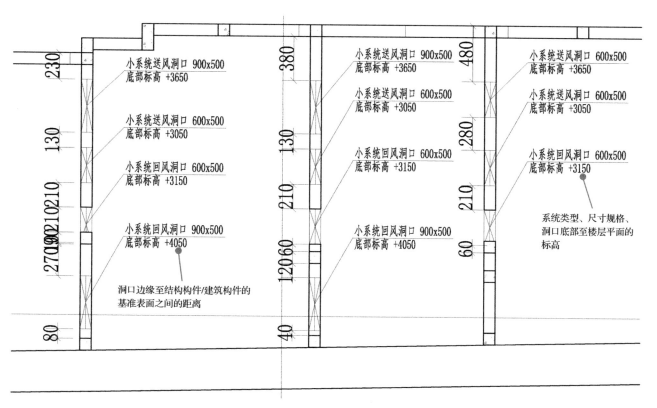

图 5-9　二次砌筑预留孔洞图例（单位：mm）

5.10 暖通风管预制 / 安装图范例

BIM 出图，暖通风管预制 / 安装如图 5-10 所示。

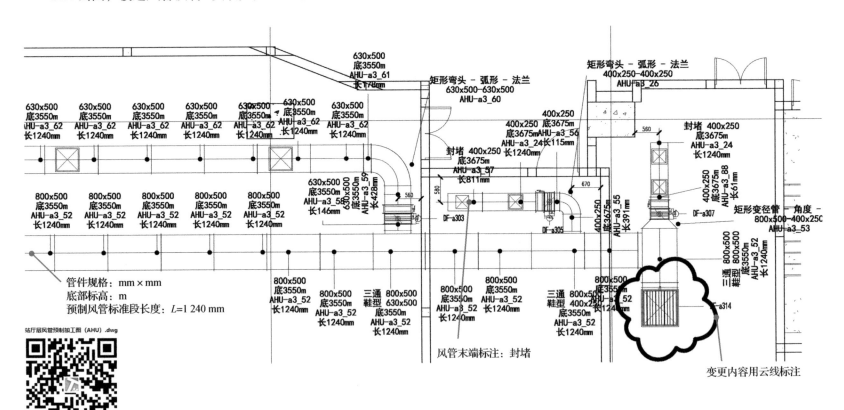

图 5-10 暖通风管预制 / 安装图（单位：mm）

5.11　预制风管／管件安装二维码范例

BIM 出图，预制风管／管件安装二维码如图 5-11 所示。

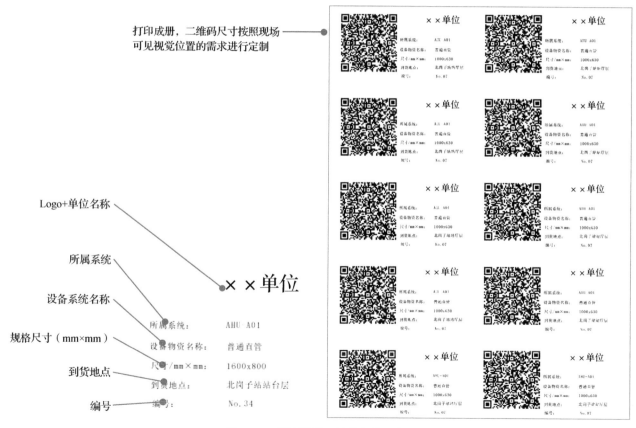

打印成册，二维码尺寸按照现场
可见视觉位置的需求进行定制

Logo+单位名称

所属系统

设备系统名称

规格尺寸（mm×mm）

到货地点

编号

××单位

所属系统：	AHU-A01
设备物资名称：	普通直管
尺寸/mm×mm：	1600x800
到货地点：	北岗子站结台层
编号：	No.34

图 5-11　预制风管／管件安装二维码

5.12 装配式机房做法

装配式冷水机房预制：为保证施工工期及施工质量，冷水机房采用装配式施工，通过 BIM 模型模拟进行方案比选、模拟施工；通过 BIM 模型分段场外预制加工、现场组装，装配式机房管道预制和设备模块划分如图 5-12 所示，冷水机组装配式机房实施流程如图5-13 所示，泵组模块化划分及出图实施流程如图 5-14 所示。装配式机房施工模式在提高生产精度、施工效率、减少施工费用以及实现安全、绿色、文明施工等方面取得了显著的成效。

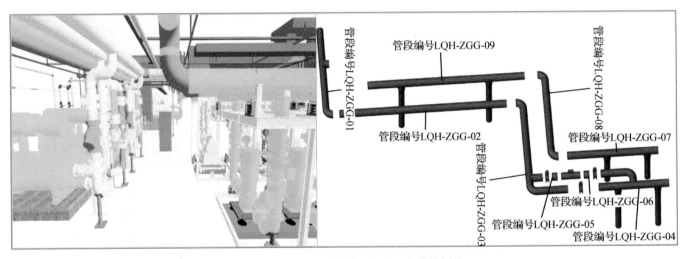

图 5-12　装配式机房管道预制和设备模块划分

5.12.1　冷水机组装配式机房实施流程

冷水机组装配式机房实施流程如图 5–13 所示。

（a）BIM 深化模型

（b）BIM 模块划分

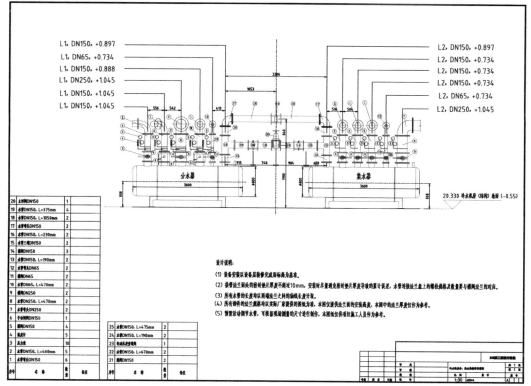

（c）BIM 加工图纸

图 5–13　冷水机组装配式机房实施流程

名称	系统	尺寸	长度
薄壁不锈钢管	J-生产/活给水管	25 mm	23.93 m
薄壁不锈钢管	J-生产/活给水管	40 mm	34.34 m
厚壁无缝钢管	L1-冷冻水供水管	25 mm	0.67 m
厚壁无缝钢管	L1-冷冻水供水管	50 mm	27.47 m
厚壁无缝钢管	L1-冷冻水供水管	65 mm	11.23 m
厚壁无缝钢管	L1-冷冻水供水管	100 mm	10.11 m
厚壁无缝钢管	L1-冷冻水供水管	125 mm	43.48 m
厚壁无缝钢管	L1-冷冻水供水管	150 mm	20.89 m
厚壁无缝钢管	L1-冷冻水供水管	200 mm	4.75 m
厚壁无缝钢管	L1-冷冻水供水管	250 mm	5.80 m
厚壁无缝钢管	L2-冷冻水回水管	50 mm	20.47 m
厚壁无缝钢管	L2-冷冻水回水管	65 mm	11.82 m
厚壁无缝钢管	L2-冷冻水回水管	100 mm	3.80 m
厚壁无缝钢管	L2-冷冻水回水管	125 mm	50.16 m
厚壁无缝钢管	L2-冷冻水回水管	150 mm	33.82 m
厚壁无缝钢管	L2-冷冻水回水管	200 mm	29.81 m
厚壁无缝钢管	L2-冷冻水回水管	250 mm	3.42 m
薄壁不锈钢管	LQ1-冷却水供水管	40 mm	10.07 m
薄壁不锈钢管	LQ1-冷却水供水管	80 mm	13.01 m
薄壁不锈钢管	LQ1-冷却水供水管	200 mm	68.95 m
薄壁不锈钢管	LQ2-冷却水回水管	200 mm	63.38 m
镀锌钢管	XH-消火栓给水管	65 mm	10.37 m
镀锌钢管	XH-消火栓给水管	150 mm	81.91 m
薄壁不锈钢管	补给水管	65 mm	9.69 m

（d）BIM 加工清单

（e）现场加工

（f）成品运抵现场安装

图 5-13　冷水机组装配式机房实施流程（续）

5.12.2　泵组模块化划分及出图

泵组模块化划分及出图如图 5-14 所示。

（a）模块化预制模型

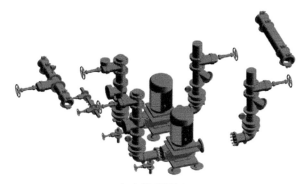

（b）模型拆解

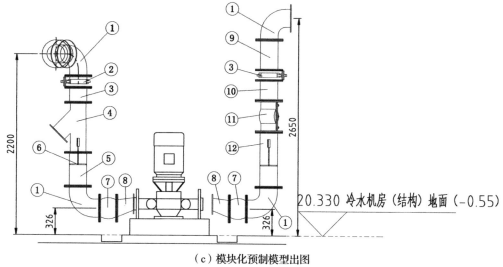

（c）模块化预制模型出图

图 5-14　泵组模块化划分及出图实施流程（单位：mm）

5.13 冷水机房标准样图

5.13.1 冷水机房设备平面图

BIM 出图，冷水机房设备平面布置图例如图 5-15 所示。

冷水机房设备定位平面图.dwg

需选择设备附近的结构柱、墙、构造柱等构件表面为基准，标注冷水机组、冷冻泵和冷却泵、分和集水器、智能水处理器等设备的中心线或设备边缘表面到基准面的距离

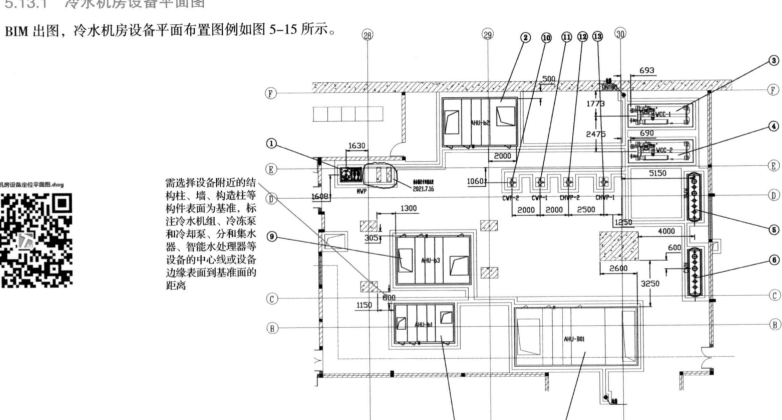

图 5-15 冷水机房设备平面图（单位：mm）

5.13.2　冷水机房排水沟平面图

BIM 出图，冷水机房排水沟平面布置如图 5-16 所示。

选择设备附近的结构柱、墙、构造柱等构件表面为基准，标注冷水机组、冷冻泵和冷却泵、分和集水器、智能水处理器等设备的基础标高、排水沟坡度和流向（朝着地漏位置方向）、间距

冷水机房设备基础和排水沟平面图
(2007版) (2).dwg

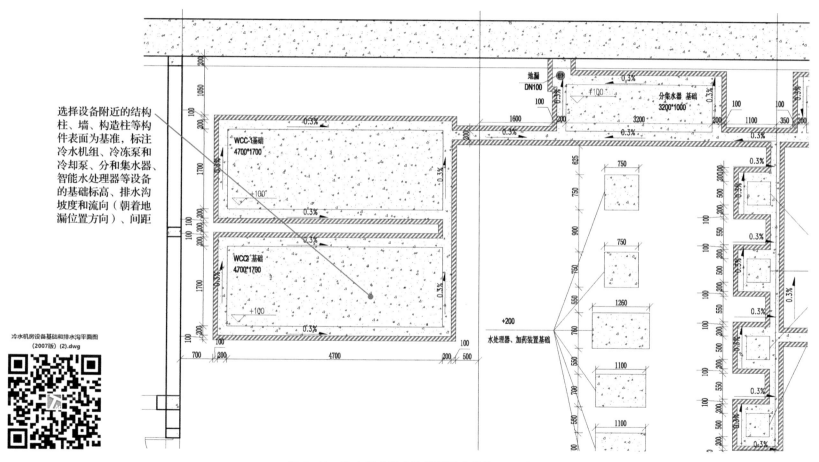

图 5-16　冷水机房排水沟平面图（单位：mm）

5.13.3 冷水机房空调水系统布放管道图

BIM 出图，冷水机房空调水系统布放管道如图 5-17 所示。

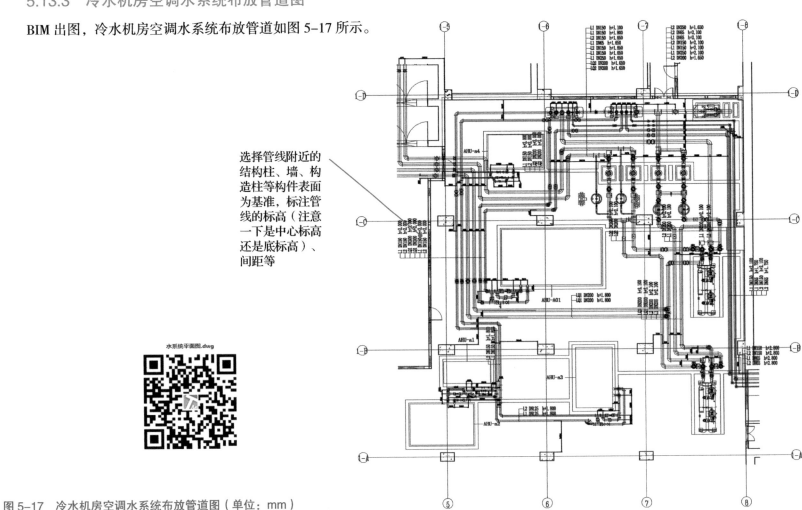

选择管线附近的结构柱、墙、构造柱等构件表面为基准，标注管线的标高（注意一下是中心标高还是底标高）、间距等

图 5-17　冷水机房空调水系统布放管道图（单位：mm）

5.14　暖通专业部分特殊节点细部做法

5.14.1　水泵安装

水泵安装如图 5-18 所示。

5.14.2　吊顶风柜安装

吊顶风柜安装如图 5-19 所示。

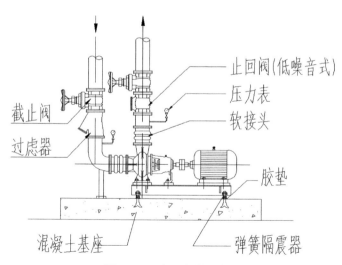

图 5-18　水泵安装示意图

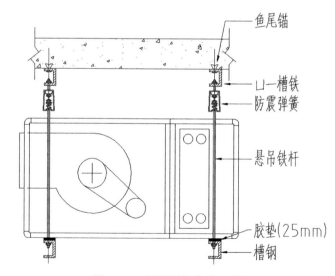

图 5-19　吊顶风柜安装示意图

5.14.3 吊顶柜式空调安装

吊顶柜式空调安装如图 5-20 所示。

5.14.4 风机盘管连接风管安装

风机盘管连接风管安装如图 5-21 所示。

5.14.5 送风口连接的风阀和过滤器的连接安装做法

送风风管风口连接风阀和过滤器的连接安装如图 5-22 所示。

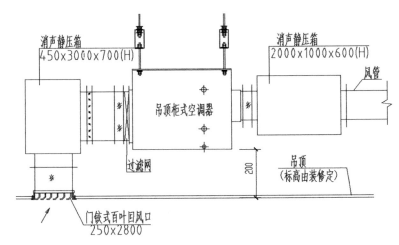

图 5-20 吊顶柜式空调器安装示意图（单位：mm）

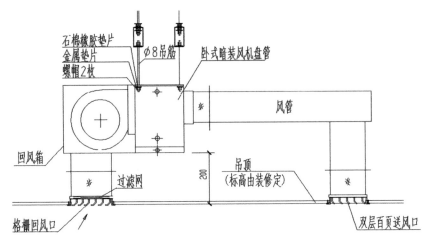

图 5-21 风机盘管接风管示意图

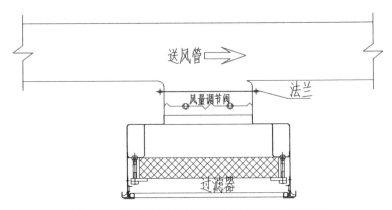

图 5-22 送风口连接的风阀和过滤器的连接安装

5.14.6　风管穿墙安装

风管穿砌筑墙安装如图 5-23 所示。

5.14.7　FFU 安装大样图（1）

FFU 安装如图 5-24、图 5-25 所示。

5.14.8　FFU 安装大样图（2）

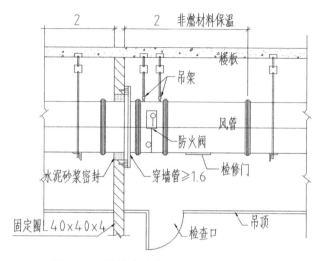

图 5-23　风管穿防火墙安装（单位：mm）

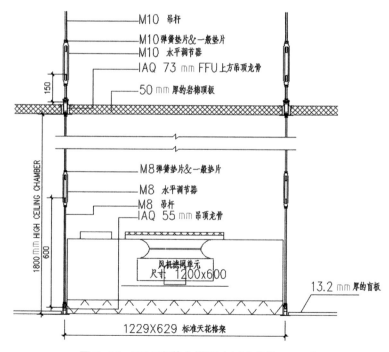

图 5-24　FFU 安装大样图（1）（单位：mm）

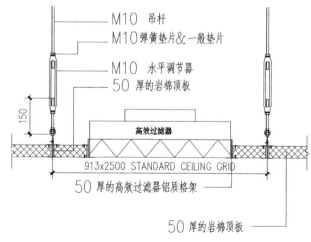

图 5-25　FFU 安装大样图（2）（单位：mm）

5.14.9 轴流风机安装

轴流风机安装及吊装方式如图 5-26 所示。

5.14.10 风管穿越楼板安装

风管穿楼板孔洞封堵施工如图 5-27 所示。

5.14.11 角钢法兰软接

风管角钢法兰软接如图 5-28 所示。

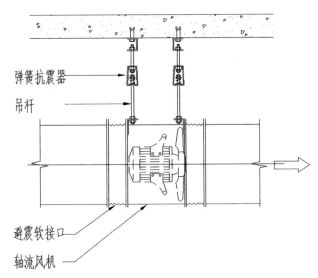

图 5-26 轴流风机安装

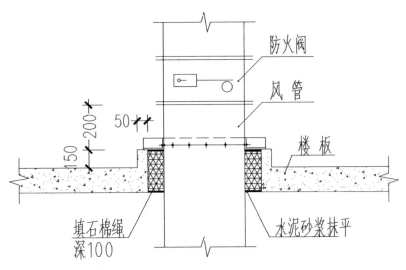

图 5-27 风管穿越楼板安装（单位：mm）

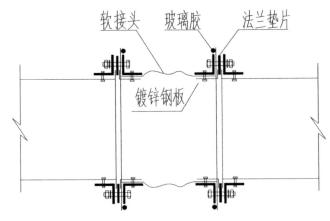

图 5-28 角钢法兰软接

5.14.12　空调机组基础施工

空调机组基础施工如图 5-29 所示。

5.14.13　风管吊架安装

风管吊架安装如图 5-30 所示。

5.14.14　新风管吊架安装

新风风管吊架安装如图 5-31 所示。

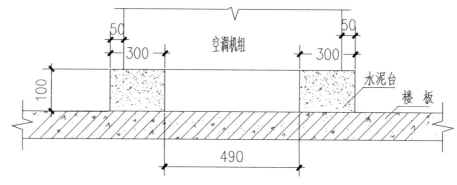

图 5-29　空调机组机座基础大样图（单位：mm）

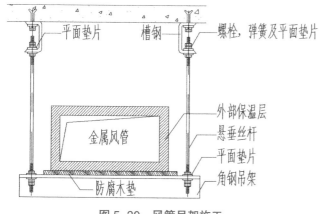

图 5-30　风管吊架施工

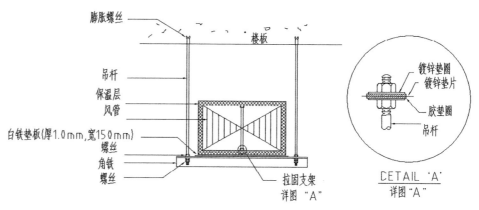

图 5-31　新风管吊架安装

5.14.15 帆布软接

帆布软接如图 5-32 所示。

5.14.16 排风风管吊架安装

排风风管吊架安装如图 5-33 所示。

5.14.17 新风管防水百叶、防鼠网安装

新风管防水百叶、防鼠网安装如图 5-34 所示。

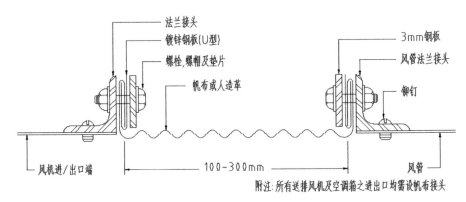

图 5-32 帆布软接

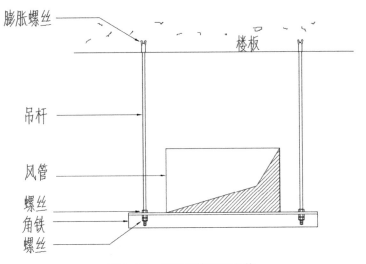

图 5-33 排风风管吊架安装

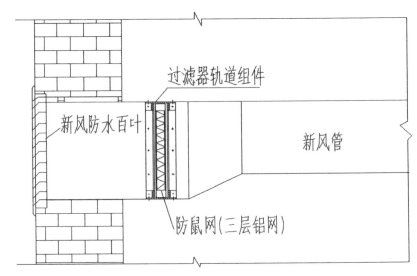

图 5-34 新风管防水百叶、防鼠网安装

5.14.18　保温风管检修门安装

保温风管检修门安装如图 5-35 所示。

5.14.19　风管检测孔施工

风管检测孔施工如图 5-36 所示。

5.14.20　明装保温水管安装

明装保温水管安装如图 5-37 所示。

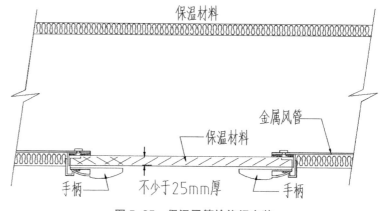

图 5-35　保温风管检修门安装

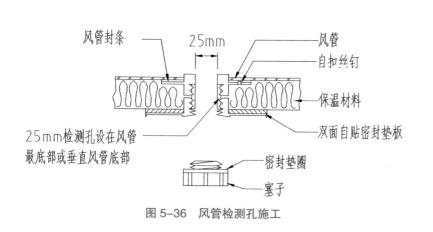

图 5-36　风管检测孔施工

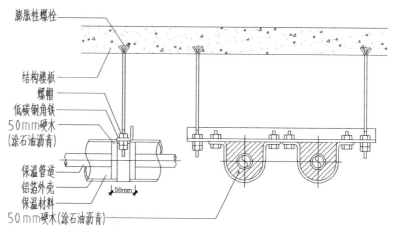

图 5-37　明装保温水管安装

5.14.21 暗装保温水管安装

暗装保温水管安装如图 5-38 所示。

5.14.22 保温水管吊架安装

保温水管吊架安装如图 5-39 所示。

5.14.23 水管立管支架安装

水管立管支架安装如图 5-40 所示。

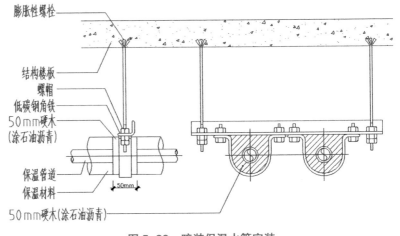

图 5-38　暗装保温水管安装

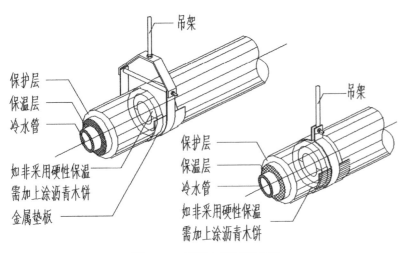

图 5-39　保温水管吊架安装

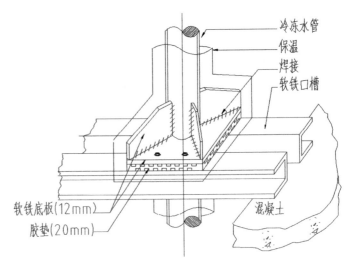

图 5-40　水管立管支架安装

5.14.24　穿楼板管道安装步骤（1）

穿楼板管道安装步骤 1 如图 5-41 所示。

5.14.25　穿楼板管道安装步骤（2）

穿楼板管道安装步骤 2 如图 5-42 所示。

5.14.26　弹簧减震基础施工

弹簧减震基础施工如图 5-43 所示。

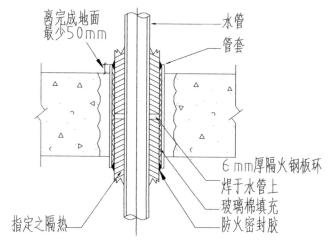

图 5-41　穿楼板管道安装步骤（1）

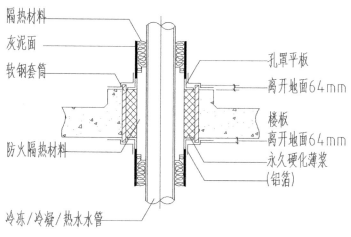

图 5-42　穿楼板管道安装步骤（2）

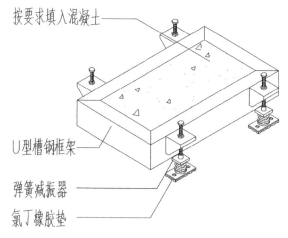

图 5-43　弹簧减震基础施工

5.14.27 冷冻水管穿楼板固定支架安装

冷冻水管穿楼板固定支架安装如图 5-44 所示。

5.14.28 立管支架安装

水管立管支架的安装如图 5-45 所示。

5.14.29 冷凝水管固定支架安装

冷凝水管固定支架安装如图 5-46 所示。

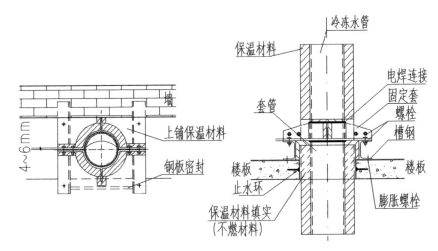

图 5-44 冷冻水管穿楼板固定支架安装

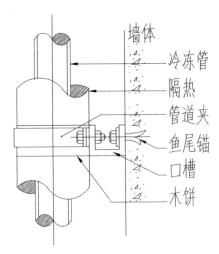

图 5-45 立管支架安装（适用于管道≤15 m）

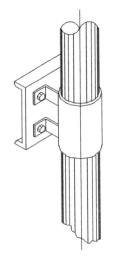

图 5-46 冷凝水管固定支架安装

5.14.30　室内管道支架安装

室内管道支架安装如图 5-47 所示。

5.14.31　机房内管道支架安装

机房内管道支架安装如图 5-48 所示。

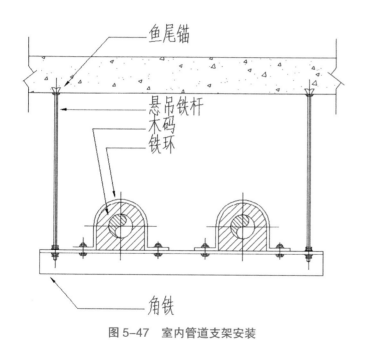

图 5-47　室内管道支架安装

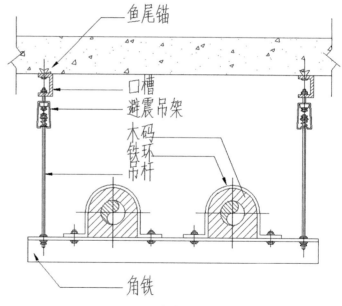

图 5-48　机房内管道支架安装

5.14.32 保温管道穿墙施工

保温管道穿墙施工如图 5-49 所示。

5.14.33 冷冻水管竖管底部弯曲施工

冷冻水管竖管底部弯曲施工如图 5-50 所示。

5.14.34 垂直管道安装

水管垂直管道安装如图 5-51 所示。

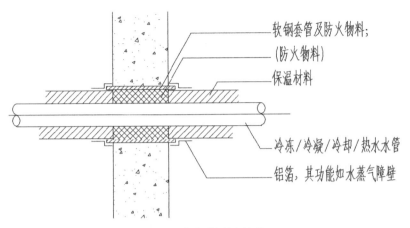

图 5-49　保温管道穿墙施工

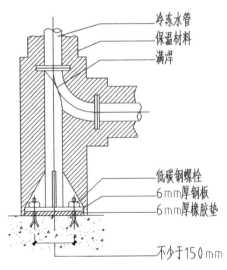

图 5-50　冷冻水管竖管底部弯曲施工

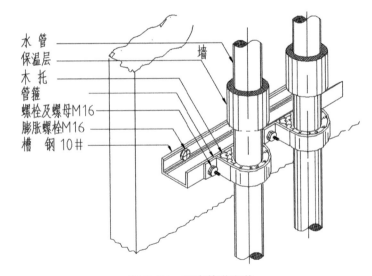

图 5-51　垂直管道安装

5.14.35　活动支架安装

活动支架安装如图 5-52 所示。

5.14.36　制冷机房水管地面支架安装

制冷机房水管地面支架安装如图 5-53 所示。

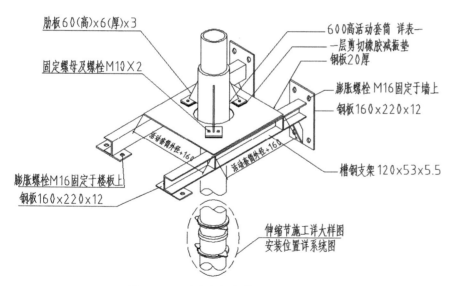

图 5-52　活动支架安装（单位：mm）

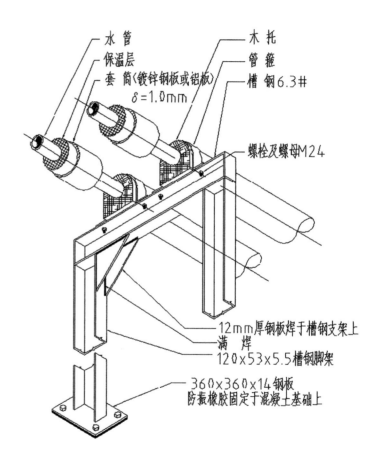

图 5-53　制冷机房水管地面支架安装（单位：mm）

5.14.37　冷水机房水管支架安装步骤（1）

冷水机房水管支架安装步骤 1 如图 5-54 所示。

5.14.38　冷水机房水管支架安装步骤（2）

冷水机房水管支架安装步骤 2 如图 5-55 所示。

5.14.39　墙上生根预埋钢板施工

吊架、管道支架的预埋钢板在墙上生根预埋钢板施工如图 5-56 所示。

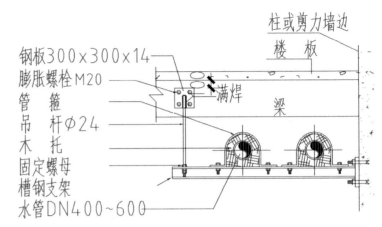

图 5-54　冷水机房水管支架安装步骤（1）（单位：mm）

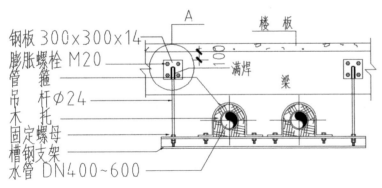

图 5-55　冷水机房水管支架安装步骤（2）（单位：mm）

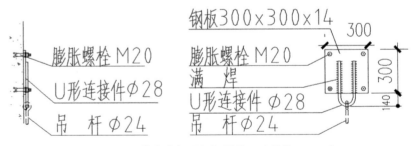

图 5-56　墙上生根预埋钢板施工（单位：mm）

5.14.40　立式 / 水平管道伸缩节安装

立式、水平管道伸缩节安装如图 5-57 所示。

5.14.41　伸缩节处固定管卡安装

伸缩节处固定管卡做法如图 5-58 所示。

5.14.42　固定管卡安装

固定管卡安装如图 5-59 所示。

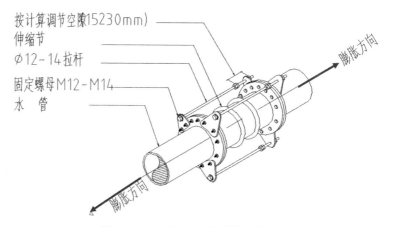

图 5-57　立式 / 水平管道伸缩节安装

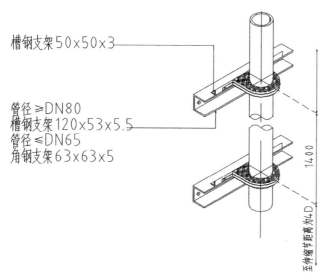

图 5-58　伸缩节处固定管卡安装（单位：mm）

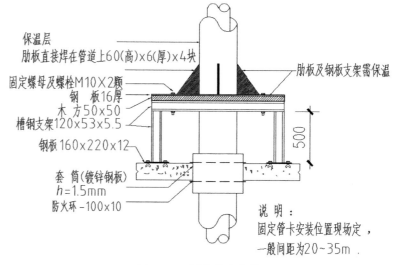

图 5-59　固定管卡安装

5.14.43 冷冻泵/冷却泵进出水管接管原理图

冷冻泵/冷却泵进出水管接管原理如图 5-60 所示。

5.14.44 空调机组接管原理图

空调机组接管原理如图 5-61 所示。

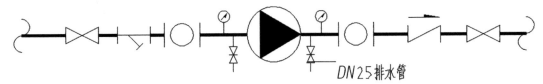

图 5-60 冷冻泵/冷却泵进出水管接管原理图

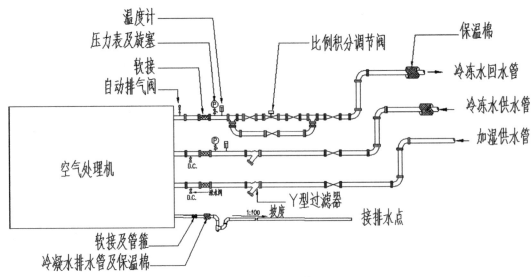

图 5-61 空调机组接管原理图

5.14.45　冷水机组接管原理图

冷水机组接管原理如图 5-62 所示。

5.14.46　吊装风柜接管原理图

吊装风柜接管原理如图 5-63 所示。

5.14.47　冷却塔接管原理图

冷却塔接管原理如图 5-64 所示。

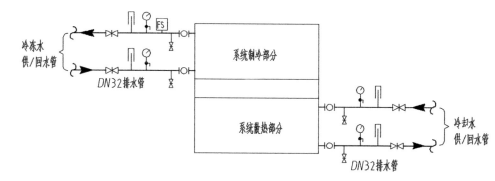

图 5-62　冷水机组接管原理图

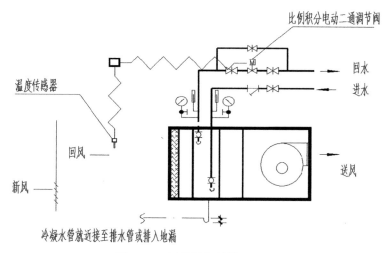

图 5-63　吊装风柜接管原理图

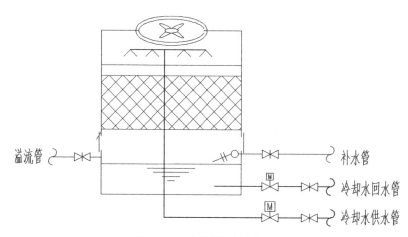

图 5-64　冷却塔接管原理图

5.14.48 水泵减震基础做法

水泵减震基础做法如图 5-65 所示。

5.14.49 热交换器接管原理图

热交换器接管原理如图 5-66 所示。

5.14.50 风机盘管接管原理图

风机盘管接管原理如图 5-67 所示。

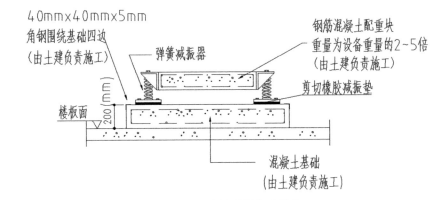

图 5-65 水泵减震基础做法

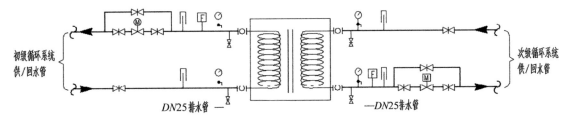

图 5-66 热交换器接管原理图

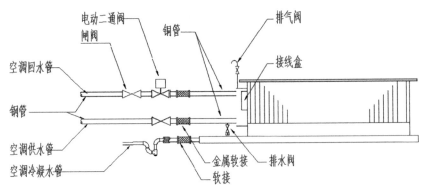

图 5-67 风机盘管接管原理图

5.15　水管及部件安装要求

5.15.1　水管管材

（1）空调冷冻水管采用厚壁无缝钢管。

（2）空调冷却水管采用薄壁不锈钢钢管。

（3）采用厚壁无缝钢管安装的管线，管径小于 $DN50$ 采用丝扣连接，管径大于 $DN50$ 采用法兰或焊接连接，用焊接连接时，每隔一定间距要加法兰连接。

三通处采用法兰连接，法兰承压等级与管道相适应。

（4）采用不锈钢管的管线，管径小于 $DN100$ 时，再用卡压或环压连接，管径大于 $DN100$，用法兰连接。

（5）冷凝水管采用内外热镀锌钢管，螺纹连接。

5.15.2　水管保温

空调冷冻水供、回水管、吊顶内空调凝结水管、分集水器、全程水处理器及冷冻水系统相关管件需保温，其应具有 A1 级不燃性能。采用导热系数应小于 0.039 W/mk，抗拉强度大于 0.15 MPa，憎水性大于 98%，回弹性大于 95%，密度大于 75 kg/m³ 的复合硅酸镁保温材料，保护层采用复合铝合金薄板，厚度为 0.6 mm，保护层接缝处采用 0.6 mm 的铝卷包裹。防潮层为采用高强度防潮，防火风层加筋铝箔厚度为 0.5 mm。

1. 保温经济厚度

小于 $DN65$，冷冻供回水管 30 mm；

大于 $DN65$，冷冻供回水管 50 mm；

2. 冷凝水管（30 mm）

所有管道附性保温厚度与所连直管相同。

3. 其他要求

（1）图纸中水管的标高均以管中心为准。

（2）冷冻水管宜与建筑面层保持同一坡度，冷凝水管安装时应顺水流方向保持大于或等于 5% 的坡度。

（3）管道支吊架的材料规格及形式和设置位置应根据现场情况确定，支吊架水平安装间距应按表 5.16 的规定执行，具体做法参见国标相关图集《室内管道支品架》405R417-1160 页、96 页、国标图集《地铁工程机电设备系统重点施工工艺给排水、通风空调系统（14ST201—21107108 页和规范《通风与空调工程施工质量验收规范》（GB 5043—2016）的要求。管道支吊架设置位置、间距施工单位可根据现场情况调整，但不应大于表 5-16 中规定的值，同时应满足国家相关规范。（L1 用于保温管道，L2 用于不保温管道。）

表 5-16　不同公称直径管道采用支架的最大间距

DN/mm	15	20	25	32	40	50	70	80
支架最大间距 L1/m	1.5	2	2.5	2.5	3	3.5	4	5
支架最大间距 L2/m	2.5	3	3.5	4	4.5	5	6	6.5
DN/mm	100	125	150	200	250	300	350	400
支架最大间距 L1/m	5	5.5	6.5	7.5	8.5	9.5	9.5	9.5
支架最大间距 L2/m	6.5	7.5	7.5	9	9.5	10.5	10.5	10.5

（4）冷冻水吊架，支架、托架必须设在保温层外部，且保温水管不可直接搁在吊支托架上，在管道与吊支托架间须垫硬质绝热垫块，垫块高度与保温层厚度一致，垫块应固定在支架上，具体做法参见《金属、非金属风管支品架（含抗震支吊架）》19K112。冷冻水管和冷却水管吊支托架形式和间距由现场确定，做法参见国标《室内管道支架及吊架》03S402。由于地铁内震动较大，水管接头两端、阀门、管件处各增加一副支吊架。管道与设备支吊架采用热浸镀锌型钢现场制作，镀锌层厚度为 70 μm，现场制作应避免破坏镀锌层，无法避免成型后须对铰接部位进行清理和防腐处理。支吊架应避免设在管道连接处、测量孔、间门等部件处。

（5）管井内的立管应每隔 2~3 层设置导向支架。

（6）冷冻、冷却水管上翻下翻时，在高处应配置 DN150 自动排气间，在最低点设 DN20 泄水管及泄水管道，排水端应接出长 150 mm 左右的长度。

（7）空调末管道穿越变形链处需设置 300 mm 长的同管承压为 10 MPa 的不锈钢金属软管。

5.16　设备安装大样图

5.16.1　冷水机组设备大样图范例

冷水机组设备大样如图 5-68 所示，须区分冷凝器和蒸发器的接管是左侧还是右侧。

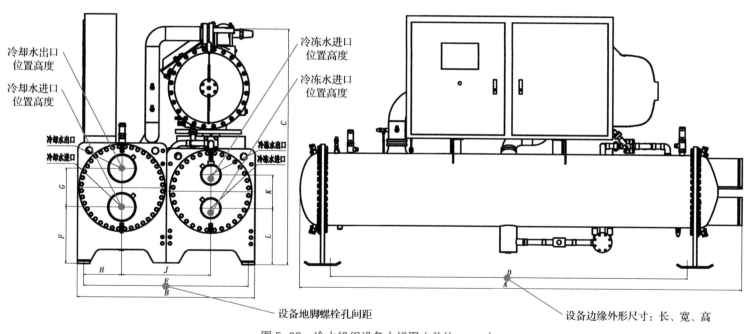

图 5-68　冷水机组设备大样图（单位：mm）

5.16.2 冷水机组设备接管图范例（一）

冷水机组设备接管侧视图如图 **5-69** 所示。

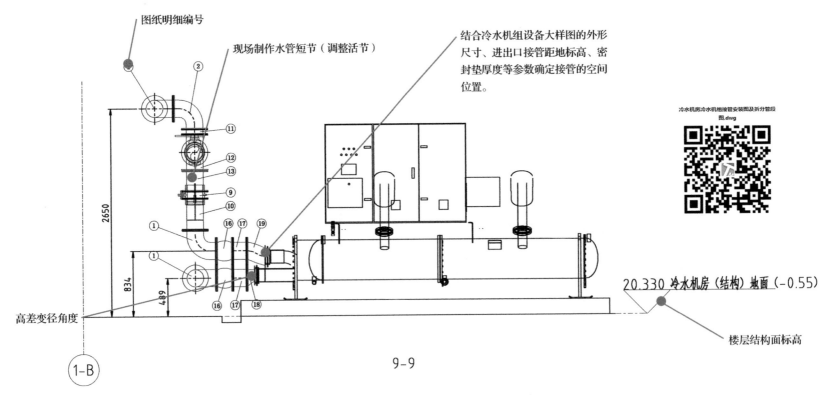

图纸明细编号

现场制作水管短节（调整活节）

结合冷水机组设备大样图的外形尺寸、进出口接管距地标高、密封垫厚度等参数确定接管的空间位置。

冷水机房冷水机组接管安装图及拆分管段图.dwg

20.330 冷水机房（结构）地面（-0.55）

楼层结构面标高

高差变径角度

9-9

1-B

图 5-69 冷水机组设备接管图（单位：mm）

5.16.3　冷水机组设备接管图范例（二）

冷水机组设备接管正视图如图 5-70 所示。

1. 电动二通阀安装高度
2. Y型过滤器安装高度
3. 蝶阀安装高度
4. 温度计安装高度
5. 预留水管短节（活节）
6. 压力表安装高度

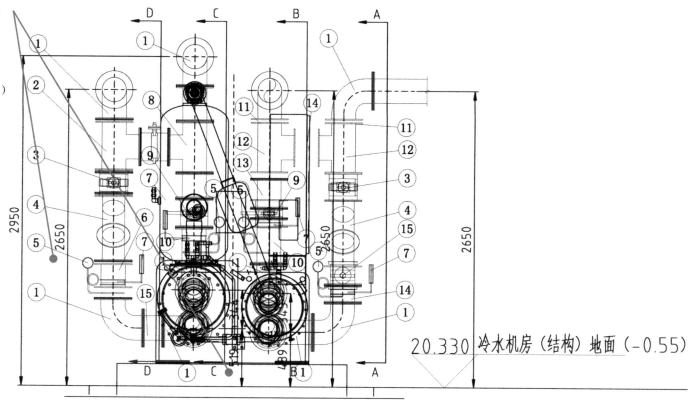

图 5-70　冷水机组设备接管（单位：mm）

5.16.4　冷水机组设备接管三维图例

BIM 出图，冷水机组设备接管和基础如图 5-71 所示。

KT_冷水机组.0002.rfa

图 5-71　冷水机组设备接管和基础

5.16.5　接管拆分零件范例

冷水机组水管管件拆分零件如图 5-72 所示。

5.16.6　冷水机组设备基础图范例

冷水机组设备基础做法如图 5-73 所示。

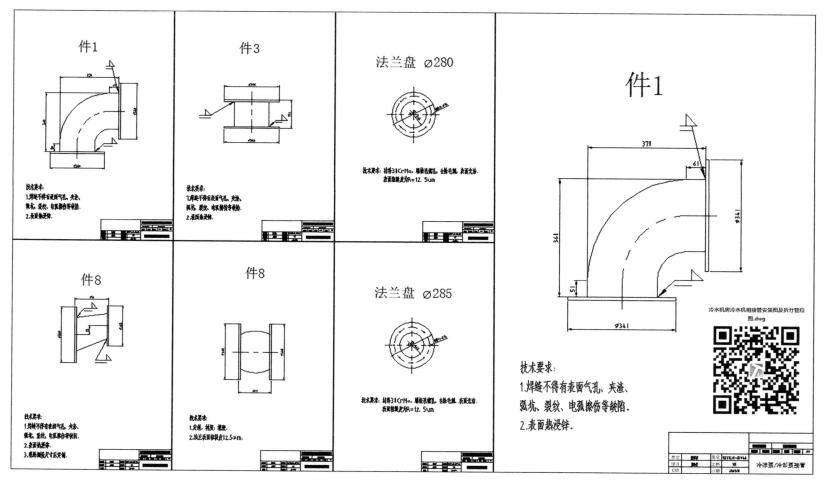

图 5-72　冷水机组水管管件拆分零件（单位：mm）

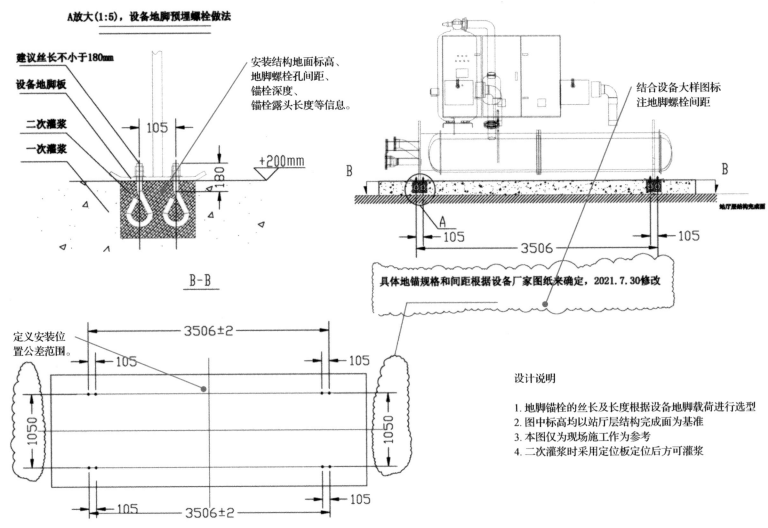

A放大(1:5)，设备地脚预埋螺栓做法

建议丝长不小于180mm

设备地脚板

二次灌浆

一次灌浆

105

180

+200mm

B-B

安装结构地面标高、
地脚螺栓孔间距、
锚栓深度、
锚栓露头长度等信息。

结合设备大样图标
注地脚螺栓间距

站厅层结构完成面

105

3506

105

具体地锚规格和间距根据设备厂家图纸来确定，2021.7.30修改

定义安装位
置公差范围。

3506±2

105

105

1050

1050

105

3506±2

105

设计说明

1. 地脚锚栓的丝长及长度根据设备地脚载荷进行选型
2. 图中标高均以站厅层结构完成面为基准
3. 本图仅为现场施工作为参考
4. 二次灌浆时采用定位板定位后方可灌浆

图 5-73 冷水机组设备基础做法（单位：mm）

5.16.7　冷水机房分 / 集水器安装大样图范例

冷水机房分 / 集水器安装大样如图 5-74 所示。

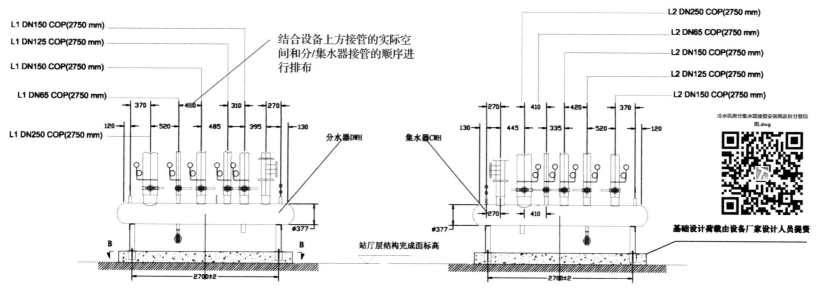

图 5-74　冷水机房分 / 集水器安装大样图

5.16.8　冷水机房分 / 集水器接管三维图例

冷水机房分 / 集水器接管、阀组、仪表配件 BIM 出图如图 5-75 所示。

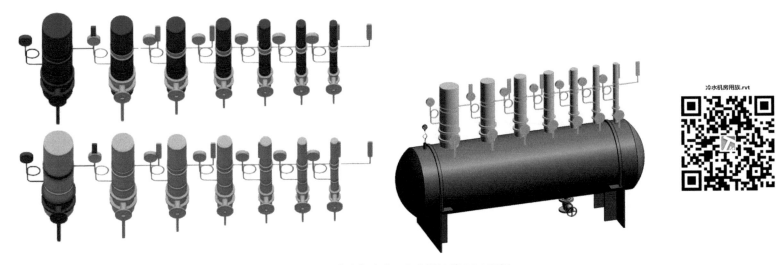

图 5-75　冷水机房分 / 集水器接管 BIM 图例

5.16.9　环控机房空调机组大样图范例

环控机房空调机组大样如图 5-76 所示。

5.16.10　环控机房空调机组接管

环控机房空调机组接管、阀组、仪表配件等构件 BIM 出图如图 5-77 所示。

5.16.11　设备区走廊综合支吊架平面图及剖面位置范例

设备区走廊综合支吊架平面布置如图 5-78 所示。

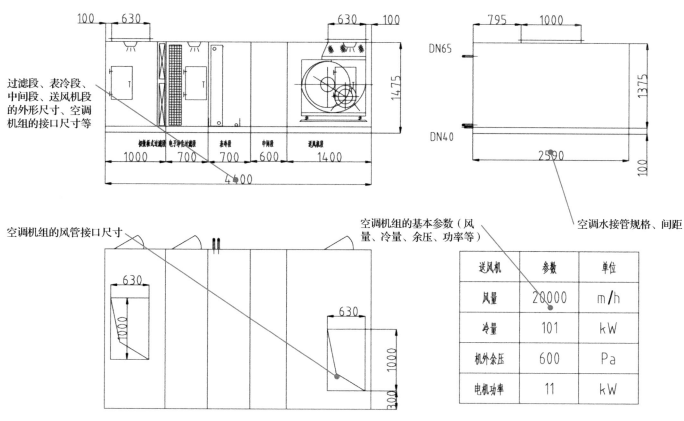

图 5-76　空调机组大样图（单位：mm）

AHU-a301-GW6.0(0122).rfa

冷水机房用族.rvt

综合支吊架-样例.rvt

站厅层综合支吊架深化(2007版).dwg

图 5-77 环控机房空调机组接管

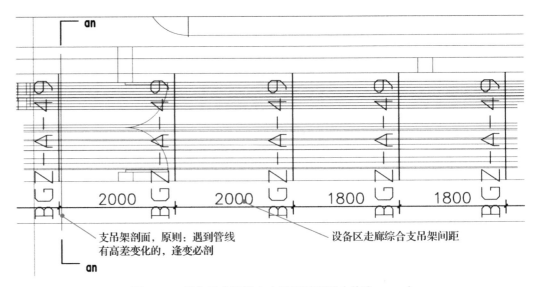

支吊架剖面，原则：遇到管线
有高差变化的，逢变必剖

设备区走廊综合支吊架间距

2000   2000   1800   1800

图 5-78 设备区走廊综合支吊架平面图（单位：mm）

5.16.12　设备区走廊综合支吊架剖面图范例

设备区走廊综合支吊架剖面图如图 5–79 所示。

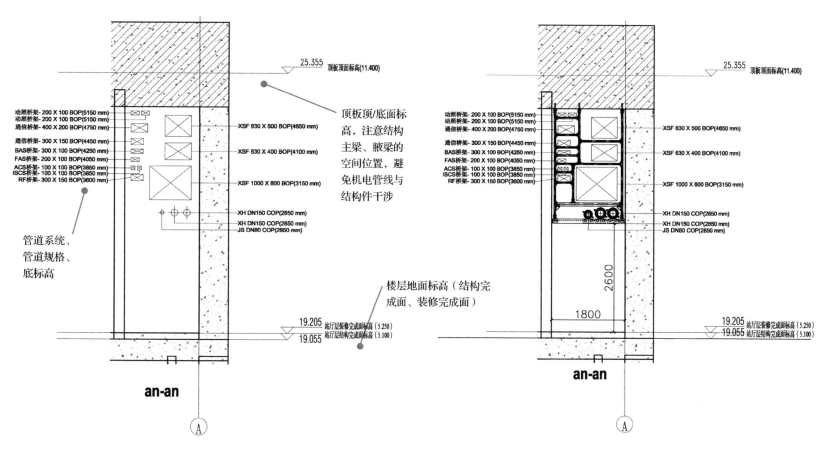

图 5–79　设备区走廊综合支吊架剖面图（单位：mm）

5.16.13 轴流风机大样图——正视图、左视图（范例）

轴流风机大样图—正视图、左视图如图 5-80 所示。

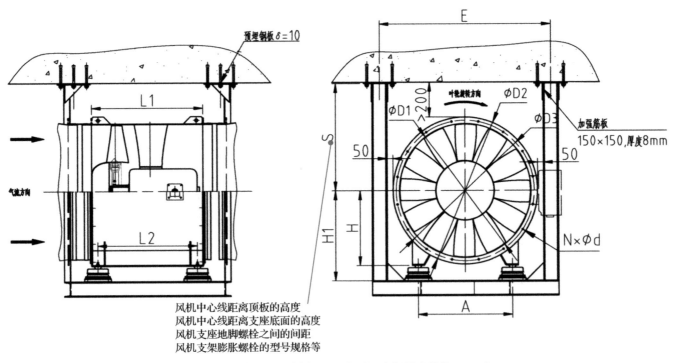

风机中心线距离顶板的高度
风机中心线距离支座底面的高度
风机支座地脚螺栓之间的间距
风机支架膨胀螺栓的型号规格等

图 5-80 轴流风机大样图—正视图、左视图（单位：mm）

5.16.14　轴流风机大样图——俯视图（范例）

轴流风机大样图—俯视图及 BIM 模型如图 5-81 所示。

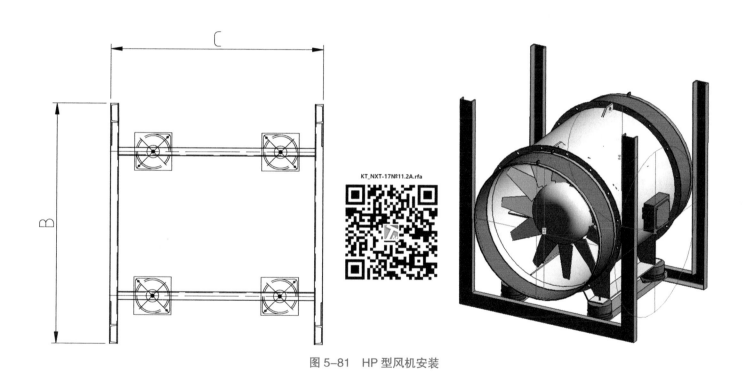

KT_NXT-17№11.2A.rfa

图 5-81　HP 型风机安装

（1）风机为座式，尺寸由系统决定。

（2）左右式是指风机工作时的气流主向以气流自叶轮流向电机的方向来定义；其中右式风机是指人面对叶轮，由叶轮端看电机，电机接线盒位于右侧的方式；左式风机是指人面对叶轮，由叶轮端看电机，电机接线盒位于左侧的为左式；图 5-81 所示的为右式风机。

（3）此方案为无预埋板安装方案，建议采用机械锚栓（后扩孔式），承载拉拔力验收应满足不低于 15 倍风机静载重量考核，采用单块钢板配置单根吊杆的结构。

（4）风机吊架与带螺纹孔安装板以及吊架与锚接钢板、加强筋板的所有接口焊缝均为连续满焊，有效焊缝高度不低于母材最小厚度，焊接后应进行有效防腐处理，减振器与带螺纹孔安装板的连接螺栓宜深入安装板一个螺母的深度，螺栓不超出安装板，应与落地安装一致。

（5）预埋件、锚栓具体形式尺寸由设计院结构专业进行计算后确定，大样图仅供设计院参考。

（6）供货范围：风机本体、减振器、两端软接及法兰、安装支吊架、减振器安装板等。

（7）有关软接的说明：不小于 900 mm 叶轮直径的常温风机，软接与插口法兰采用抱箍固定，软件法兰距离宽度按 200 mm 控制，安装人员应确保风机上下左右位置与扩散筒口径配合准确，对接偏差控制在 5 mm 以内，如最终安装存在褶皱，抱箍箍紧不可靠，对接偏差过大以及软接法兰间控制距离超过 220 mm 的，安装人员需在抱箍与软接法兰上采用铆钉或自攻自转螺钉进行加固，铆钉间隔距离以确保软接贴合为准，一般不大于 180 mm。

消防排烟风机一般不设置减振器、软接，风机与管道、支架均采用硬连接模式（具体由设计院确定），如需配置软接的，软接按 400 mm 提供，技术安装标准按常温统一控制，软接按现场实际需要裁剪。

（8）HP 系列风机参数。HP 系列风机参数如表 5-17 所列。

5.16.15 典型冷水机房机电设备 BIM 模型

典型冷水机房机电设备 BIM 模型图例和设备资产编码分类如表 5-18 所列。

表 5-17　HP 系列风机参数

风机规格	电机机座号	D1	D2	D3	L1	L2	A	B	C	E	H	H1	N×φd	吊架配用槽钢型号	重量(kg)	运行重量(kg)	单块安装板配置锚栓规格及教量	配用减振器型号	减振器数量
9#	112M																		
	132S																		
	132M	900	1 000	950	790	690	600	1 300	960	1 200	510	≈588	16×φ14	10#	400	480	6×M16×130	ZT-120	4
	160M																		
	160L																		
	180M																		
	180L																		
10#	132																		
	132M				790	690													
	160M								960										
	160L	1 000	1 110	1 050			700	1 410		1 310	565	≈652	16×φ14	10#	600	720	6×M16×130	ZT-160	4
	180M																		
	180L																		
	200L				890	790			1 060										
	225																		
11.2#	132M																		
	160M																		
	160L																		
	180M	1 120	1 240	1 175	900	800	800	1 540	1 070	1 440	630	≈716	16×φ14	10#	650	780	6×M16×130	ZT-160	4
	180L																		
	200L																		
	225																		
	225M																		

表 5-18　典型冷水机房机电设备 BIM 模型

设备资产编码	图例	名称	设备资产编码	图例	名称
LSR-B（W）-001 单吸离心泵-卧式-不带联轴器.rfa 		单吸离心泵-卧式-不带联轴器	LSR-B（L）-001 多级离心泵-立式.rfa 		多级离心泵-立式
LSR-B（W）-002 单吸离心泵-卧式-带联轴器.rfa 		单吸离心泵-卧式-带联轴器	LSR-B（G）-002 管道泵.rfa 		管道泵-立式-单头
LSR-B（G）-001 管道泵-双头.rfa 		管道泵-双头	LSR-B（W）-003 管道泵-双头.rfa 		污水泵-JYWQ型-固定自耦式

设备资产编码	图例	名称	设备资产编码	图例	名称
LSR-D-001 电磁流量计MAG5100W_DN200.rfa		电磁流量计 MAG5100W_ DN200	LSR-P-002 蝶阀 - 矩形 - 拉链式.rfa		蝶阀 – 矩形 – 拉链式
LSR-D-002 电磁流量计MAG5100W_DN250.rfa		电磁流量计 MAG5100W_ DN250	LSR-P-003 蝶阀 - 矩形 - 手柄式.rfa		蝶阀 – 矩形 – 手柄式
LSR-P-001 电动蝶阀.rfa		电动蝶阀	LSR-P-004 蝶阀 - 圆形 - 拉链式.rfa		蝶阀 – 圆形 – 拉链式
LSR-P-005 蝶阀 - 圆形 - 手柄式.rfa		蝶阀 – 圆形 – 手柄式	LSR-KT-001 空调机组17103-AHU-A101-ZK90(190218....rfa		空调机组 17103- AHU-A101- ZK90

设备资产编码	图例	名称	设备资产编码	图例	名称
LSR-LS-001 冷水机组WCFX46TRHN1.rfa 		冷水机组 WCFX46TRHN1	LSR-LT-001 流量探测器-开关.rfa 		流量探测器- 开关
LSR-LS-002 螺杆式冷水机组.rfa 		螺杆式冷水机组	LSR-LZ-001 水流指示器-50-80 mm-螺纹.rfa 		水流指示器- 50~80 mm-螺纹
LSR-WD-001 温度计1.rfa 		温度计	LSR-LZ-002 水流指示器-100-150 mm-法兰式.rfa 		水流指示器- 100~150 mm- 法兰式
LSR-YF-001 压差旁通阀DN150.rfa 		压差旁通阀 DN150	污水处理（过滤设备）.rfa 		污水处理 （过滤设备）

设备资产编码	图例	名称	设备资产编码	图例	名称
NT-KT-001 MDVS系列_整体式产品_8-12HP.rfa 		MDVS 系列_模块单机_8-12HP	NT-DL-001 TR系列风管式内机(标配水泵)_多联机.rfa 		TR 系列风管式内机（标配水泵）_多联机
NT-KT-002 壁挂式_多联机.rfa 		壁挂式 - 多联机	NT-KT-003 吊顶落地式_多联机.rfa 		吊顶落地式 - 多联机
NT-DL-002 四面出风嵌入式(标准型)_多联机.rfa 		四面出风嵌入式（标准型）-多联机	NT-FJ-001 KT_NXT-17#10A（L=790).rfa 		风机 DTF 系列
NT-KT-004 FCU-B411、FP-68WA（右）.rfa 		风机盘管	NT-LQ-001 KT_冷却塔.rfa 		方形横流式超低噪声冷却塔（双风机）

设备资产编码	图例	名称	设备资产编码	图例	名称
NT-KZ-001 1#动力配电控制柜.rfa		动力配电控制柜	NT-WC-001 室外温湿度传感器(3).rfa		室外温湿度传感器
NT-KT-004 空调机组17103-AHU-A101-ZK90(190218....rfa		空调机组 AHU	NT-YC-001 水温传感器(2).rfa		水温传感器

注明：在使用 BIM 模型时，采用 URL 路径链接与设备使用手册、维保手册、报价清单等资料关联。

5.16.16　台套级设施设备位置编码结构（样例）

类似于设备机房内（图 5-82）的机电设备均要求采用设备的物理位置代码、功能位置代码等信息，应采用模型与信息指针"一对一"的方式进行编码，编码结构如图 5-83 所示。

采用组合码方式，包括设施物理位置代码、功能位置代码，共 **XX** 位代码（**按项目需求或按照已有资产台账编码修正**）。通过模型编码与现场设备材料建立一一对应关系，实现虚拟现实共享数据的最终目的，编码是 BIM 数字孪生技术实现的重要纽带。

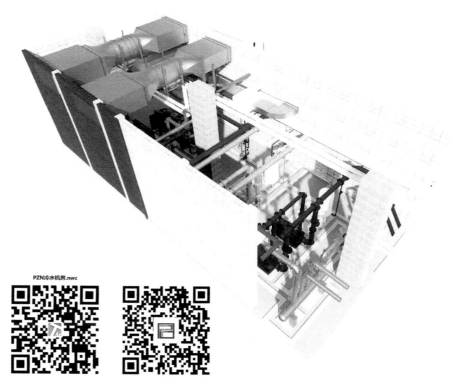

图 5-82　设备机房模块化与设备族库

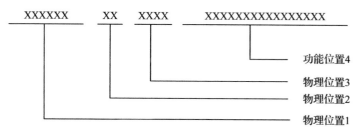

图 5-83　台套级设施设备位置编码结构（样例）

5.16.17 各机电专业管线单位重量

在统计机电管线工程量和进行有限元计算时，需要知道各机电专业管线的每延米单位重量和满压 / 满缆状态下的重量，我们总结了常用的一些机电管线参数便于查询，如表 5—19 所列。

表 5—19 管件单位重量

管件单位重量 /（kg/m）						
载荷编号	所属系统	规格	每延米单位重量 （/kg/m）	满压 / 满缆重量 （/kg/m）	支架间距（m）	载荷（/N）	备注
（1）	PF 风管	630×400	2.884	3.21	1.5	47.187	
（2）	XHPF 风管	1 250×1 000	6.3	7.91	1.5	116.28	含防火板
（3）	XHPF 风管	1 600×800	6.72	8.37	1.5	123.04	含防火板
（4）	XHPF 风管	800×500	3.64	4.16	1.5	61.152	含防火板
（5）	SF 风管	2 500×800	9.24	11.82	1.5	173.75	
（6）	SF 风管	800×630	4.004	4.65	1.5	68.355	
（7）	XSF 风管	1 600×800	6.72	8.37	1.5	123.04	
（8）	XSF 风管	800×500	3.64	4.16	1.5	61 152	
（9）	动照桥架	300×150		35	1.5	514.5	
（10）	动照桥架	400×200		108	1.5	1 587.6	
（11）	RF 桥架	300×150		35	1.5	514.5	
（12）	JS 水管	DN25	2.41	2.9	1.5	42.63	
（13）	XH 水管	DN150	18.18	35.84	1.5	526.85	
（14）	L1 水管	DN65	7.11	10.43	1.5	153.32	
（15）	L1 水管	DN125	12.25	24.52	1.5	360.44	

续表

管件单位重量 /（kg/m）							
载荷编号	所属系统	规格	每延米单位重量（/kg/m）	满压 / 满缆重量（/kg/m）	支架间距（m）	载荷（/N）	备注
（16）	L1 水管	DN150	18.18	35.84	1.5	526.85	
（17）	LM 水管	DN50	5.29	7.25	1.5	106.58	
（18）	TQ 水管	DN100	10.88	18.73	1.5	275.33	
（19）	YW 水管	DN100	10.88	18.73	1.5	275.33	
（20）	YF 水管	DN150	18.18	35.84	1.5	526.85	
（21）	L2 水管	DN150	18.18	35.84	1.5	526.85	
（22）	L2 水管	DN65	7.11	10.43	1.5	153.32	
（23）	L2 水管	DN200	51.57	82.97	1.5	1 219.7	
（24）	L2 水管	DN250	64.86	113.96	1.5	1 675.2	
（25）	L2 水管	DN125	12.25	24.52	1.5	360.44	
（26）	J 水管	DN65	7.11	10.43	1.5	153.32	
（27）	LQ2 水管	DN200	51.57	82.97	1.5	1 219.7	

5.17　设备模块划分

5.17.1　冷水机组、分 / 集水器门型框架三维图例

进行设备模块划分后，冷水机组、分 / 集水器门型框架如图 5-84 所示。

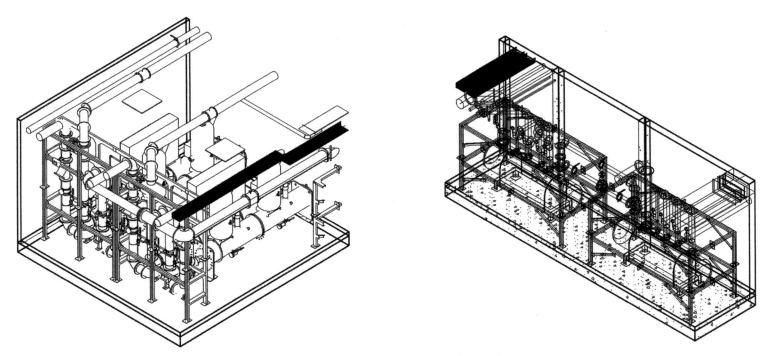

图 5-84 冷水机组、分集水器附属门型框架三维图

5.17.2 设备附属外框架钢结构拆分

设备模块化之后，设备附属外框架钢结构拆分如图 5-85 和图 5-86 所示。

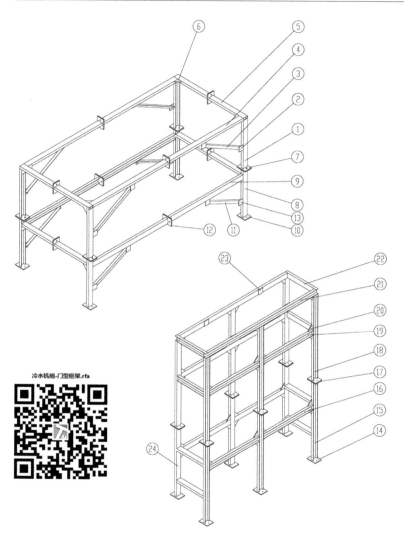

冷水机组-门型框架.rfa

图 5-85　设备外围搭建附属外框架钢结构拆分

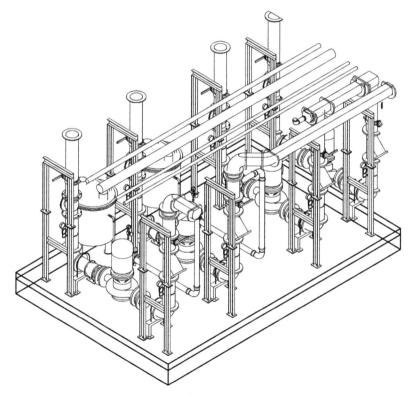

图 5-86　设备外围搭建附属外框架钢结构拆分

第6章 管道支吊架防腐、防锈处理

一般情况下，普通支吊架采用型钢拼焊的方式或局部铆接的方式，型钢材料外层防腐采用热浸锌或其他防腐防锈漆处理，管道、支吊架及设备防腐要求和做法依设计要求为准，无设计要求的，根据施工质量验收规范为准，管道标识如表6-1所列。

表6-1 管道标识

序号	管道名称	底色	RGB	色带		管道类型名称
1	金属给水管	银色	（192，192，192）	绿色环（0，255，0）		金属给水管
2	消火栓管	银色	（192，192，192）	大红色（255，0，0）		消火栓管
3	自动喷水灭火管	银色	（192，192，192）	大红色加黄色色环		自动喷水灭火管
				大红色（255，0，0）	黄色（255，255，0）	
4	溢、泄水管	银色	（192，192，192）	蓝色（0，0，255）		溢、泄水管
5	塑料管	灰色	（127，127，127）	采用本色		塑料管
6	压力排水管	银色	（192，192，192）	采用本色		压力排水管
7	建筑外墙管	灰色	（127，127，127）	尽量与墙体颜色一致颜色		建筑外墙管

（1）油漆或防腐作业，必须在环境温度5℃以上、相对湿度在85%以下的自然条件下进行，低于5℃时要采取防冻措施。露天作业要避开雨、雾天或采取防雨、雾措施。作业时要防止煤烟、灰尘、水汽等影响工程质量。作业场地和库房要有防火设施。在涂刷底漆前，必须清除表面的灰尘、污垢、锈斑、焊渣等物。管道受潮时，要采取干燥措施。

（2）雨水斗内外壁刷沥青漆二道，雨水管（金属管）刷白色调和漆一道。

（3）压力排水管（金属管）内外壁先刷防锈漆二道，再刷黑色调合漆二道。

（4）排水铸铁管刷防锈漆二道，明装管再刷与内饰墙面一致的调合漆二道。

（5）室外埋地钢管防腐采用缠绕 PE 带埋地镀锌钢管焊缝须刷防锈漆处理。

（6）消火栓管先刷防锈漆二道，再刷红色调和漆二道。自动喷水管道刷防锈漆二道，银粉漆二道，再刷橘红色漆环，间距 2 m。

（7）保温管道防腐：防锈处理后进行保温（铜管直接进行保温，保护层外再刷调合漆二道。

（8）金属管道支架除锈后刷樟丹材料二道，灰色调和漆二道。

第7章 支吊架有限元受力校核

对于设备区走廊、冷水机房等的管道、设备，需要根据排布空间、管道及阀组的尺寸和重量、设备基础底座、设备间通道空间尺寸等条件进行模块式划分，划分完之后根据空间条件采用焊、铆的连接方式用型钢进行搭建，而拼接后的型钢支架或钢架要遵循以下几点原则：

（1）连接牢固，钢架做防腐防锈处理，在钢架地脚板与地面连接处采用膨胀螺栓或地脚螺栓进行固定，可参照现行国家标准《GB/T 799—2020 地脚螺栓》施工。

（2）钢架安装后，管道与钢架之间的连接采用木托、箍筋等方式与引申或悬挑的钢架固定点进行固定。预估管道与阀组的重量，以及会产生地震荷载或工作时产生的振动荷载，计算校核时考虑相应的地震加速度和模态分析，若不满足设计要求，反过来推算合适的型钢的型号和连接方式。

（3）保证搭建后设备的操作空间和维修空间以及设备间的过道空间要求。

以设备区走廊综合支吊架结构分析为例，采用激光打点机器人进行定位打点，如图 7-1 所示。

7.1 支吊架材料设置

支吊架材料须按照相应的材料对应相应的杆件进行设置，有限元计算的材料参数如表 7-1 所列，一般地，支吊架可采用型钢拼焊的方法进行组装，另外也可以采用高强度挤压铝合金进行铆接。

（a）支吊架现场钻孔

（b）支吊架模型导入定位打点机器人

（c）打点激光定位

图 7-1　支吊架打孔安装与 BIM 激光定位打点机器人

表 7-1　结构有限元计算采用的材料参数

类别序号	材料属性							
	材料名称	材料密度 /（g/m³）	杨氏模量 /Pa	剪切模量 /Pa	泊松比	拉伸屈服强度 /Pa	压缩屈服强度 /Pa	计算单元
1	Q235 钢材	7 850	2.1×10^{11}	7.69×10^{10}	0.3	2.5×10^8	2.5×10^8	Beam188

7.2　快速搭建结构有限元分析 3D 模型

如图 7-2 所示，●表示施加载荷的位置，▽表示固定约束点，↔表示根据载荷位置需要定义参数化的尺寸参数，—表示横担或竖杆。

可参考《建筑机电工程抗震设计规范》（GB 50981—2014）和中国工程建设标准化协会标准《装配式支吊架系统应用技术规程》（T/CECS 731—2020）相关要求施工。

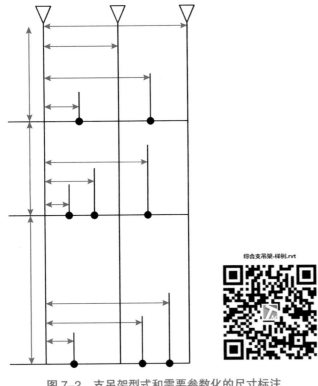

图 7-2　支吊架型式和需要参数化的尺寸标注

（1）在建模时，应快速用画直线的方法将综合支吊架的杆件外观形式勾勒出来，需要施加荷载的杆件以加载点位为界限进行分段画线，值得注意的是，在画线的时候不能有相互覆盖重复的线。

（2）采用画线的方法画完综合支吊架外观之后，对施加载荷的点位进行尺寸标注和定位标注，每一个标注的尺寸就是一个可以设置成参数变量的参数值，如果后期需要调整支吊架的尺寸，可以根据参数进行调整。

同理，采用相同的方法对每一根杆件的截面尺寸进行设置。对于需要设置为变量的边长进行参数化设置，如图 7-3 所示。

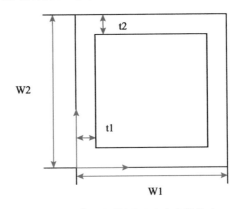

图 7-3　支吊架截面尺寸（参数化）

7.3　约束设置和加载

在支吊架的底板处施加固定约束，在加载点位处施加荷载，一般地，电缆桥架（假设满缆状态）与支吊架横担接触部分按照均布荷载计算，风管与支吊架横担接触部分按照均布荷载计算（考虑保温棉的重量）；水管＋卡箍支架的重量按照集中荷载计算（若水管有保温层则考虑保温层重量）；如果是风机支架，风机底座与支架的接触点或接触面按照集中荷载进行计算。支吊架的管线重量按照标准支吊架的间距长度的重量进行计算，管道重量可参照各机电专业管线单位重量表，另外，考虑 1.25 倍的地震加速度和 1.01~1.12 倍的工作状态下振动荷载，保证支吊架型材选型的富裕量，风机重量可参考 HP 系列风机外形尺寸安装表，所有外载荷施加的情况如图 7–4 所示。

A	标准重力加速度：9.8066m/s²
B	力 1：20N
C	力 2：30N
D	力 3：40N
E	力 4：50N
F	力 5：30N
G	力 6：60N
H	力 7：60N
I	力 8：60N
J	固定支撑：20N

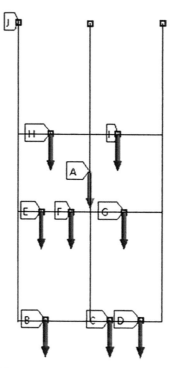

图 7–4　支吊架的约束和加载

7.4 支吊架结构有限元分析输出结果
（变形量、最大应力、支反力、剪切力、轴向力、弯矩图等）

经计算处理后得出变形量、最大应力、支反力、剪切力、轴向力、弯矩图等结果，如图 7-5 所示。

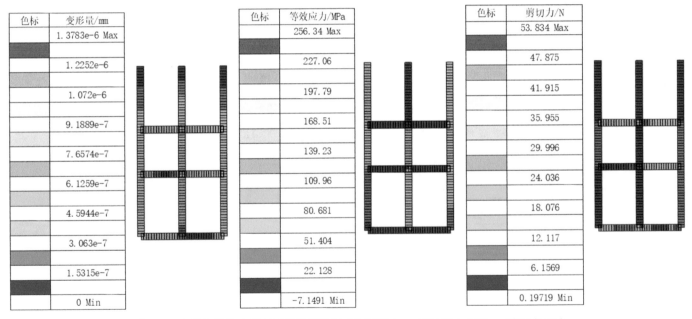

色标	变形量/mm
	1.3783e-6 Max
	1.2252e-6
	1.072e-6
	9.1889e-7
	7.6574e-7
	6.1259e-7
	4.5944e-7
	3.063e-7
	1.5315e-7
	0 Min

色标	等效应力/MPa
	256.34 Max
	227.06
	197.79
	168.51
	139.23
	109.96
	80.681
	51.404
	22.128
	-7.1491 Min

色标	剪切力/N
	53.834 Max
	47.875
	41.915
	35.955
	29.996
	24.036
	18.076
	12.117
	6.1569
	0.19719 Min

图 7-5 支吊架结构有限元计算输出结果（变形量 /m、等效应力 /MPa、剪切力 /N）

在计算结果中可以查看某一杆件的受力情况，如图 7-6（a）、（b），同时也可查看某一杆件的剪力图、弯矩图、变形量曲线图如图 7-7、图 7-8 所示。

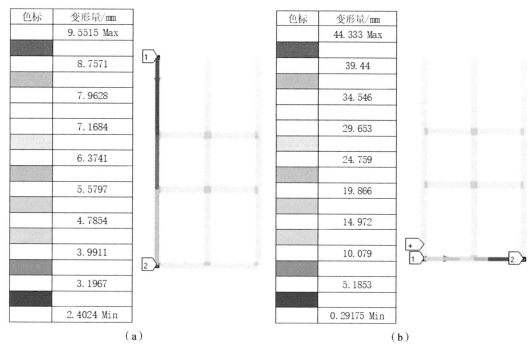

色标	变形量/mm
	9.5515 Max
	8.7571
	7.9628
	7.1684
	6.3741
	5.5797
	4.7854
	3.9911
	3.1967
	2.4024 Min

（a）

色标	变形量/mm
	44.333 Max
	39.44
	34.546
	29.653
	24.759
	19.866
	14.972
	10.079
	5.1853
	0.29175 Min

（b）

图 7-6 支吊架杆件轴向力计算（立柱、横担）（单位：N）

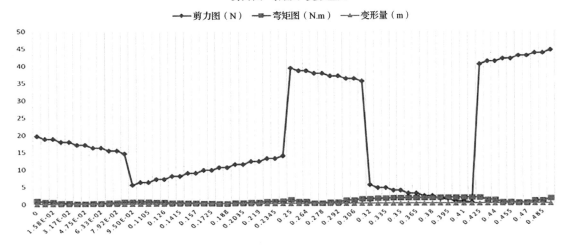

图 7-7 支吊架杆件的剪力图、弯矩图、变形量图（对应图 7-6（a））

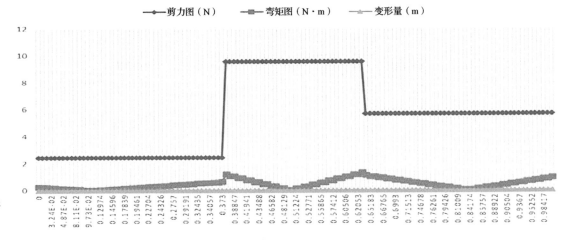

图 7-8 支吊架杆件的剪力图、弯矩图、变形量图（对应图 7-8（b））

第8章 设备区走廊管线进墙孔洞处理方法

8.1 砌筑墙砌到圈梁位置施工

如图8-1所示，砌筑墙砌到设备房间的圈梁位置，所有进入设备房间的管线均从圈梁以上安装排布，然后根据排布之后的管线空间布置进行砌筑和填补，优点：避免按照BIM预留孔洞图纸施工之后与按照管道累计误差安装之后产生偏差。

洞口（包括墙上水电预留洞口）过梁、圈梁：建筑1 000 mm线向上返1 100 mm（1 700 mm）处设置过梁与圈梁（根据图纸洞口高度而定），门洞顶过梁与圈梁交接重叠处，过梁与圈梁截面尺寸及配筋以较大者为准，门洞两侧加设钢筋混凝土门套。

图8-1 砌筑墙砌到圈梁位置

8.2 砌筑预留孔洞与进墙管道分开施工

　　如图 8-2 所示，砌筑预留孔洞与进墙管道分开施工，当设备房间室外管线安装到靠近设备房间砌筑墙的时候，现场测量预留足够的安装空间，考虑留够管道弯曲半径的空间，并且保证管线之间安装的间距以及支吊架空间，最后一节进墙管道单独制作。优点：按图施工并且有据可查，累计误差都分配到最后一节进墙管道上。

图 8-2　砌筑预留孔洞与进墙管道分开施工

8.3 装配式墙体砌筑

装配式砌筑墙体按照预制构件的形式和施工方法可分为石膏板；水泥板；轻钢龙骨；混凝土预制板；木材板。

8.3.1 装配式墙体材料选型要求

（1）墙材的质量应符合相关的国家标准或者行业标准。

（2）墙材应根据建筑物本身的用途和特点选用。

（3）墙材的选用应考虑墙体的强度、隔音、防潮等技术指标。

8.3.2 装配式墙体强度要求

（1）墙面承载能力应符合设计要求。

（2）板材的韧性应符合设计要求。

（3）墙面要有足够的刚度和稳定性，避免震动、开裂或倾斜等现象。

8.3.3 装配式墙体施工要求

（1）墙面承载能力应符合设计要求。

（2）板材的韧性应符合设计要求。

（3）墙面要有足够的刚度和稳定性，能避免震动、开裂或倾斜等。

8.3.4 装配式材料

经初步调查，装配式墙体在民用建筑市场的应用已非常广泛及成熟，但由于轨道交通高大空间及抗震、防火等方面比民建要求等级高的特殊性，轨道交通领域尚未使用装配式墙体。

装配式墙体的做法和技术性能参数指标可参照以下标准和如表 8-1 所列，装配式墙体空心板、实心板如图 8-3 所示。

GB/T 23451-2009《建筑用轻质隔墙条板》

表 8-1　技术性能参数指标

指标项目	单位	检测结果		
		90 mm（空心）	90 mm（实心）	200 mm
面密度	kg/m²	77	77	187
干燥收缩值	mm/m	0.48	0.43	0.45
抗压强度	MPa	9.8	10.7	8.7
软化系数	/	0.95	0.86	0.85
单点吊挂力	N	1 000	2 000	1 000
抗弯承载	板自重倍数	3.0	3.1	3.5
含水率	%	8%	8%	6%
耐火极限（分钟）	min	240	240	240
隔音系数（dB）	（dB）	42	43	55
放射性指标	内照 lra	0.4	0.5	0.4
	外照 lr	0.3	0.3	0.3

图 8-3　装配式墙体材料结构示意图

GB 50574-2010《墙体材料应用统一技术规范》
GB/T51231-2016《装配式混凝土建筑技术标准》
GBIT 50378-2019《绿色建材评价标准》
JGTT 169-2016《建筑隔墙用轻质条板通用技术》
JGJIT 157-2014 建筑轻质条板隔墙技术规范
2021J151-TJ《轻质陶粒发泡混凝土内隔墙条板图集》
（1）轻质高强，吊挂力强，节约施工成本 30%。
（2）防火达 3 h 隔音 30~50 dB，隔音吸音双效果。
（3）保温隔热，热导率 0.12 W/（m·K）。
（4）轻质隔墙板弹性模量低 抗震级别可达 8 级以上。

装配式墙体与常规砌筑墙体不同之处在于，装配式墙体采用标准化分片的形式，其中墙体的上端和下端采用螺栓紧固的方式，墙体上根据照明设备的位置和插座、网络插槽位置来设计优化线槽的位置和路径，如图 8-4 所示，现场安装效果如图 8-5 所示。

8.3.5　预制地梁、预制构造柱、预制圈梁

预制地梁、预制构造柱、预制圈梁如图 8-6 所示。

CEC装配式轻质混凝土板总说明
0530.dwg

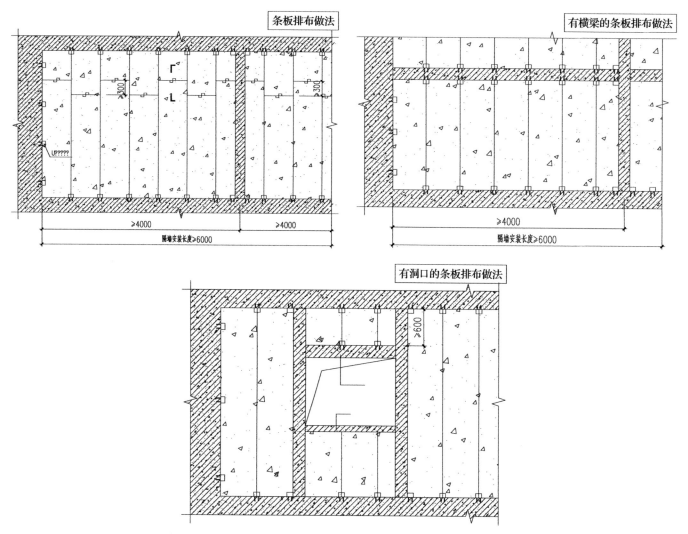

图 8-4　装配式墙体 BIM 模型排布

图8-5 装配式墙体空心板、实心板

预制地梁（构造柱）　　　　　　　　　　　预制构造柱　　装配式墙体　　　预制凸型圈梁

预制构造柱型式：

一字型构造柱　　　　T字型构造柱　　　　L字型构造柱　　　　十字型构造柱

图8-6 预制地梁、预制构造柱、预制圈梁

8.3.6　通用插座（开关）安装

装配式砌块墙构造可参照国标图集 18CJ79 118CG40 安装，如图 8-7 所示。

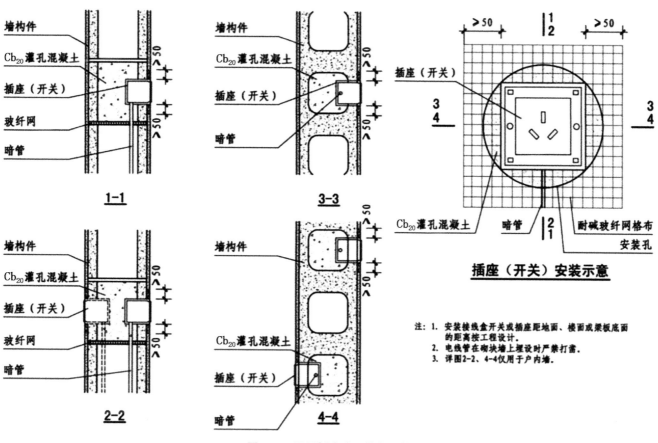

图 8-7　通用插座（开关）安装

8.3.7 装配式墙体构件内部布线和墙体固定

装配式墙体构件内部布线、墙体固定、墙体与地梁之间连接如图 8-8 所示。

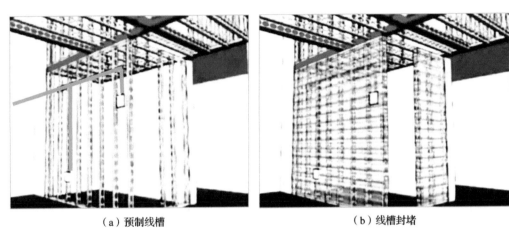

（a）预制线槽　　　　　　　　　　　　　　（b）线槽封堵

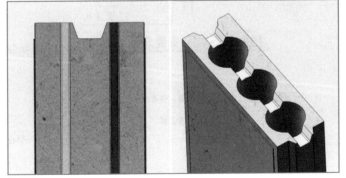

（c）墙体凹凸榫槽

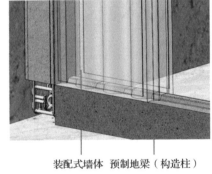

装配式墙体　预制地梁（构造柱）

（d）墙体与地梁之间连接

（e）墙体抗裂砂浆填缝固定

图 8-8　装配式墙体构件内部布线和墙体固定

第9章 等离子切割机数控加工

9.1 等离子切割机简介

数控等离子切割机（CNC plasma cutting machine）就是指用于控制机床或设备的指令（或程序）性工件，是以数字形式给定的一种新的控制方式，如图9-1所示。将这种指令提供给数控自动切割机的控制装置时，切割机就能按照给定的程序，自动地进行切割。数控切割由数控系统和机械构架两大部分组成。

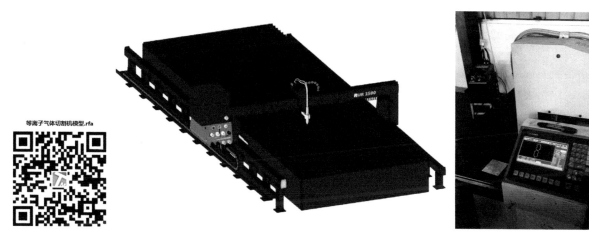

等离子气体切割机模型.rfa

图9-1 数控等离子切割机

与传统手动和半自动切割相比，数控切割通过数控系统即控制器提供切割技术、切割工艺和自动控制技术，能有效控制和提高切割质量和切割效率。数控切割是指数控火焰、等离子、激光和水射流等切割机根据数控切割套料软件提供的优化套料切割程序进行全时、自动、高效、高质量、高利用率的数控切割。数控切割代表了现代高科技的生产方式，是先进的优化套料计算技术与计算机数控技术和切割机械相结合的产物。

数控等离子切割机以工作方式来分，可分为干式等离子、半干式等离子、水下等离子之分；以切割质量来分可分为普通等离子、精细等离子、类激光等离子等。数控等离子切割机主要的应用领域为不锈钢、铸铁、铜、铝及其他有色金属的板材或厚度在 6 mm 以下的薄板等，在板材平面上进行切割非规则图形，理论上只要用 CAD 能画出来的图形就能进行切割（半径小于 2 倍等离子割缝宽度的图形无法切割）。

等离子切割机机架采用全焊接结构，可经时效振动处理器消除内应力，从而使机架稳定性提高，变形量较小。X 轴采用高精度直线圆形导轨，Y 轴采用高精度直线导轨，其运行阻力较小。X 轴和 Y 轴安装报警多功能仪器便于检测安装，X 轴两道轨直线度误差保证小于 ±0.05 mm，X 轴和 Y 轴的垂直误差不大于 ±0.05 mm 度，其运行小车采用轻质的结构，可便于保证等离子切割的加工质量。工业电脑操作系统是在性能稳定的 DOS 系统中进行操作，具有较好的人机对话界面，中英文语言可以任意转换。X 轴和 Y 轴最大运行速度可达 8 m/min，工业控制电脑可以接口 ISO 标准的 CNC 语言，可以显示切割图形，模拟切割，并且具有手动编程功能。等离子切割机的主机控制驱动传动采用日本三菱公司数字式交流伺服系统。电机采用高磁稀土材料，导磁散热型好，其编码分辨率高，功能为普通型的 4 倍，从而保证更高的控制精度。切割软件引进欧洲专用风管制图软件，图库量大、简单易学、操作灵活、切割精确度高。

等离子切割空压机选择很重要，一般地，使用的等离子切割材质以及在不同的工作条件下进行切割，其中应用最为广泛的为空气等离子切割。这里就需要用户在使用等离子切割时配套空气压缩机以辅助等离子切割机使用。

数控等离子切割机在切割速度及切割范围上相对于火焰切割有所改善，目前等离子切割方式越来越普遍，相对于传统的切割方式而言，等离子切割具有高效率、高精度和高稳定性等优点，尤其适于大批量生产加工及高精度切割要求。另外从成本角度来看，由于去掉了切割燃气费用，等离子切割相对成本更为经济，特别在大批量加工生产的时候，控制加工成本的效果将更为明显。

一般情况下，当工作气压低于设备所要求的气压值时，空压机所输入空气流量是小于规定值的，此时等离子弧的喷出速度将会减弱，进而无法形成高能量、高速度的等离子弧，从而造成切口质量差、切不透、切口积瘤的现象。

从空压机角度来分析，气压不足的原因则主要在于输入空气不足，另外，活塞压力有可能是因为切割机空气调节阀调压过低，电磁阀内有油污，气路不通畅等导致的。建议用户确切了解项目加工要求，包括切割材质、切割厚度以及切割时间，通过上述多方面因素综合选购适合的空压机，当空压机无法满足切割要求时，从空压机输出压力显示上可明显看出。另外在使用前还要检查输入气压，应检查空气过滤减压阀的调节是否正确，表压显示能否满足切割要求。否则应对空气过滤减压阀进行日常维护保养，确保输入空气干燥、无油污。

9.2　等离子切割的优点与缺点

等离子在水下切割时能消除切割时产生的噪声，粉尘、有害气体和弧光的污染，有效地改善工作场合的环境。目前，采用精细等离子切割已使切割质量接近激光切割水平，2012 年以来，随着大功率等离子切割技术的成熟切割厚度已超过 15 mm，拓宽了数控等离子切割机切割厚度的极限范围。

数控切割机等离子切割是数控切割机机床利用高温等离子电弧的热量使工件切口处的金属局部熔化和蒸发，并借高速等离子的动量排除熔融金属以形成切口的一种加工方法。

9.2.1　缺点

（1）切割 20 mm 以上钢板比较困难，需要很大功率的等离子电源，成本较高。

（2）切割厚板时，割口成 V 字型。

9.2.2　优点

（1）切割使用范围较广，可切割所有金属板材。

（2）切割速度快，效率高，切割速度可达 10 m/min 以上。

（3）切割精度比火焰切割高，水下切割无变形，精细等离子切割精度更高。

近几十年来，全世界出现了许多系列的等离子切割机床，其相应的加工指令也有了国际 ISO 和 EIA 标准。国产机床广泛采用的是 3B 格式的加工指令。一般的图形化编程系统（如 UGII、MasterCAM 等）仅能生成符合 ISO 和 EIA 标准的加工代码，对于 3B 格式代码无能为力。近年来，CAD 在国内机械行业得到了广泛应用。在 CAD 上开发了一个 3B 指令图形化自动编程系统，它采用 AutoLisp 语言读取实体组码数据转化成 3B 加工代码，实践证明其精确、实用、效率高。

9.3 数控等离子切割原理

9.3.1 等离子切割工作流程

格式为：G、XY、G、YY、G、J、G、Z。

（1）用 AUTOCAD 制图或用已有机械三维软件的文件直接转换为 DXF 格式；

（2）将 DXF 格式或者 DWG 格式的零件图导入套料软件中进行套料、转换，输出数控 NC 程序（一般为 G 代码，也有 EESI 格式的代码），为方便程序的调用及管理，将程序名称保存为该零件的图号或者其它名称；

（3）将转化好的数控程序，即 NC 程序，用 U 盘拷入机床的控制柜上。

（4）根据所选择程序的材料及厚度，设置工艺参数；

（5）调整好割枪在板材上的位置，启动程序进行切割；

（6）结束切割，下料、清渣。

9.3.2 工艺参数的设定与调整

所有工艺参数都依据说明书上的切割参数表来进行设定，改变材料及板材厚度时所有参数必须重新进行设定。

在等离子电源上调整的参数有：

（1）电流：手动旋扭给定。

（2）PG1 引弧气气压及流量。

（3）PG2 切割气气压及流量。

（4）WG1 涡流气气压及流量。

（5）WG2 涡流气气压及流量。

（6）板厚档位：共 3 个档位，根据参数表设定。

切割调整参数有：

（1）引弧时间：即穿孔时间，通过键盘直接输入。

（2）切割速度：通过键盘直接输入。

（3）割缝补偿：通过键盘直接输入。

（4）引弧高度：即穿孔高度，在割枪部位手动调节。

（5）弧压：在弧压传感器上手动调整，该值决定割枪的切割高度。在切割过程中调整时，观察等离子电源上弧压显示值直到与参数表上的值匹配为止。

在 CAD 中，每个图形元素都可作为独立的实体来处理，还可以用 ssget0 函数来构造需要的实体选择集。每个实体的数据，都可查找其实体组码来获得。每个实体都有一个实体名，用组码 −1 表示，还有一个实体类型，如 Line、Arc、Pline 等，用组码 0 表示。

1. G 代码程序格式坐标系

G 代码程序格式坐标系如图 9–2、图 9–3 所示。

其中，G 代码格式包含以下内容：

$$BX, BY, BJ, G, Z$$

其中，

（1）分隔符：它将 XY 的数值隔开，BX 轴坐标值，取绝对值，单位为 μm；

（2）Y 轴坐标值：取绝对值，单位为 μm；

（3）计数长度：取绝对值，单位为 μm；

（4）计数方向：分为 X 方向（GX）和 Y 方向（GY）；

（5）加工指令：共有 12 种，直线 4 种（$L1$~$L4$）Z 圆弧 8 种（$SR1$~$SR4$，$NR1$~$NR4$），如图 9–4 所示。

直线指令：在直线指令中，X/Y 分别是线段在 X 方向和 Y 方向加工的距离，如图 9–5 所示。

计数长度 J 取 X，Y 中较大的一个数的数值。计数方向 G 也是取 X，Y 中较大的一个。X 的值大就写 GX，Y 的值大就写 GY。如果 $X=Y$，则直线 $L1$，$L3$ 的方向写 GY；$L2$，$L4$ 的方向写 GX 圆弧指令，如图 9–6 所示。

刀具四种起点方位如图 9–7 所示，圆弧起点方位与圆弧指令如图 9–8 所示，圆弧编程示例如图 9–9 所示。

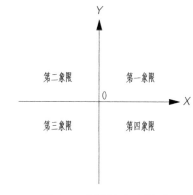

图 9-2　平面直角坐标系

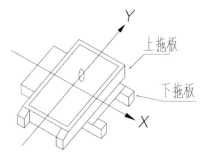

图 9-3　等离子切割机床坐标系

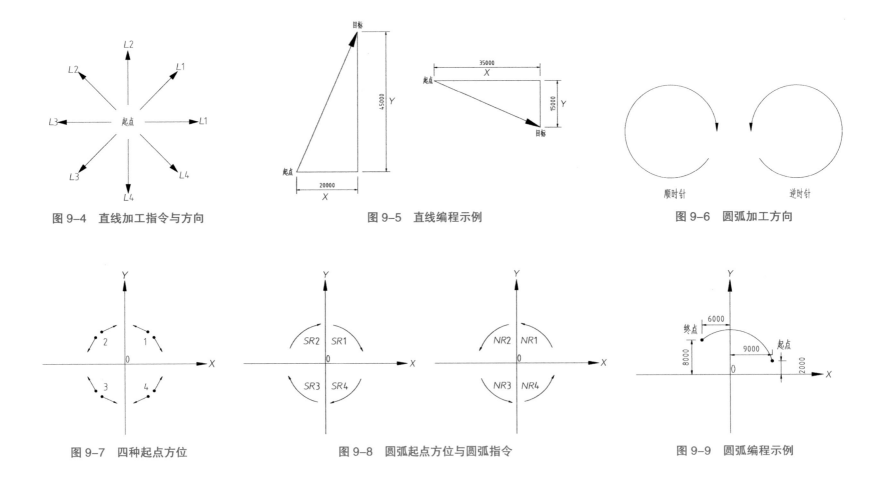

图 9-4　直线加工指令与方向

图 9-5　直线编程示例

图 9-6　圆弧加工方向

图 9-7　四种起点方位

图 9-8　圆弧起点方位与圆弧指令

图 9-9　圆弧编程示例

9.3.3　ISO 编程的基本概念

（1）字段。

（2）程序段与程序段号。

（3）程序号（程序名）常用指令。

9.3.4　准备功能 G 代码

（1）绝对坐标指令 G90 格式：G90。

（2）相对坐标指令：G91。

格式：G91

（3）设置当前点坐标：G92。

格式：G92 X_Y_。

（4）快速定位 G00 X_Y_。

格式：G00 X。

9.3.5　注意事项

（1）本指令执行时，等离子切割刀头通常不是直线移向终点，而是折线。

（2）位移指令 G00，G01，G02，G03 在编程时，假定等离子切割刀头移动，工件不动，而实际加工是工件移动。

（3）直线插补 G01 格式：G01X_Y_。

（4）圆弧插补 G02、G03。

格式：G02 X_Y_R_ 或

　　　G02X_ Y_I_J_

　或 G03 X _Y_R_

　　　G03 X_Y_I_J_。

（5）等离子切割刀头半径补偿

G40、G41、G42。

格式：

G40：取消等离子切割刀头补偿。

G41：等离子切割刀头左补偿。

G42：等离子切割刀头右补偿。

（6）其他机械加工机床控制指令动作。

① G00 与 G01

a. G00 运动轨迹有直线和折线两种，该指令只是用于点定位，不能用于切削加工。

b. G01 按指定进给速度以直线运动方式运动到指令指定的目标点，一般用于切削加工。

② G02 与 G03

a. G02：顺时针圆弧插补。

b. G03：逆时针圆弧插补。

③ G04（延时或暂停指令）。一般用于正反转切换、加工盲孔、阶梯孔、车削切槽。

④ G17、G18、G19

a. 平面选择指令，指定平面加工，一般用于铣床和加工中心。

b. G17：X–Y 平面，可省略，也可以是与 X–Y 平面相平行的平面。

c. G18：X–Z 平面或与之平行的平面，数控车床中只有 X–Z 平面，不用专门指定。

d. G19：Y–Z 平面或与之平行的平面。

⑤ G27、G28、G29。

参考点指令：

G27：返回参考点，检查、确认参考点位置。

G28：自动返回参考点（经过中间点）。

G29：从参考点返回，与 G28 配合使用。

⑥ G40、G41、G42。

半径补偿：

G40：取消刀具半径补偿。

G41 左补偿（和 G40 套用）。

G42 右补偿（与 G40 套用）。

⑦ G43、G44、G49。

长度补偿：

G43：长度正补偿。

G44：长度负补偿。

G49：取消刀具长度补偿。

⑧ G32、G92、G76。

G32：螺纹切削。

G92：螺纹切削固定循环。

G76：螺纹切削复合循环。

⑨ 车削加工：G70、G71、72、G73。

G71：轴向粗车复合循环指令。

G70：精加工复合循环。

G72：端面车削，径向粗车循环。

G73：仿形粗车循环。

⑩ 铣床、加工中心。

G73：高速深孔啄钻。

G83：深孔啄钻。

G81：钻孔循环。

G82：深孔钻削循环。

G74：左旋螺纹加工。

G84：右旋螺纹加工。

G76：精镗孔循环。

G86：镗孔加工循环。

G85：铰孔。

G80：取消循环指令。

⑪ 编程方式

G90、G91。

G90：绝对坐标编程。

G91：增量坐标编程。

⑫ 主轴设定指令。

G50：主轴最高转速的设定。

G96：恒线速度控制。

G97：主轴转速控制（取消恒线速度控制指令）。

G99：返回到 R 点（中间孔）。

G98：返回到参考点（最后孔）。

⑬ 主轴正反转停止指令。

M03、M04、M05。

M03：主轴正传。

M04：主轴反转。

M05：主轴停止。

⑭ 切削液开关。

M07、M08、M09。

M07：雾状切削液开。

M08：液状切削液开。

M09：切削液关。

⑮ 运动停止

M00、M01、M02、M30。

M00：程序暂停。

M01：计划停止。

M02：机床复位。

M30：程序结束，指针返回到开头。

（M10）M12 切割氧开 。

（M11）M13 切割氧关。

⑯ M98：调用子程序。

⑰ M99：返回主程序。

9.4　使用预制软件进行加工

9.4.1　预制库的加载

打开 Fabrication CAMduct，点击工作界面 Add Link，添加预制库。如图 9-10 所示。

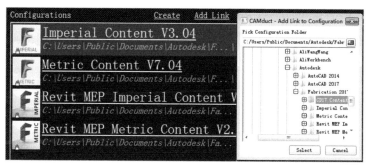

图 9-10　CAMduct 登录界面

9.4.2 语言切换

CAMduct 2017 汉化只能配置繁体中文版，且仅支持部分汉化，如图 9-11、图 9-12 所示。

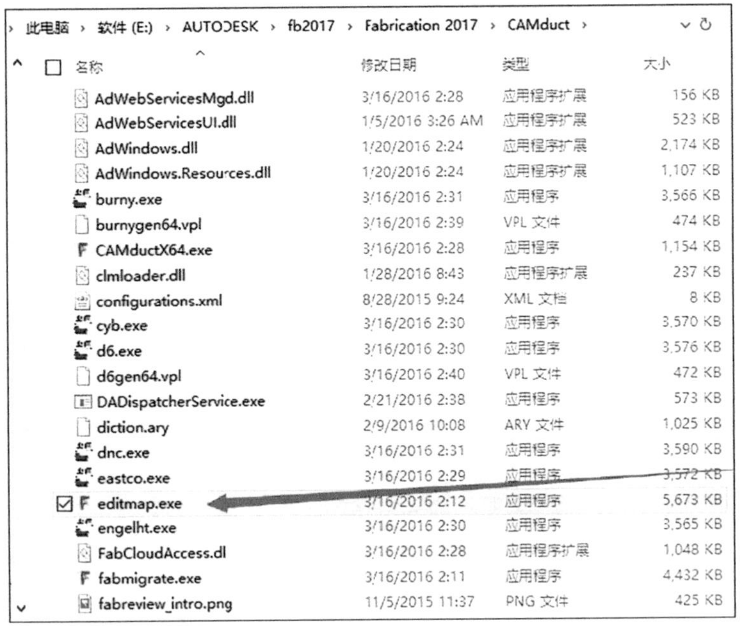

图 9-11 CAMduct 汉化配置路径

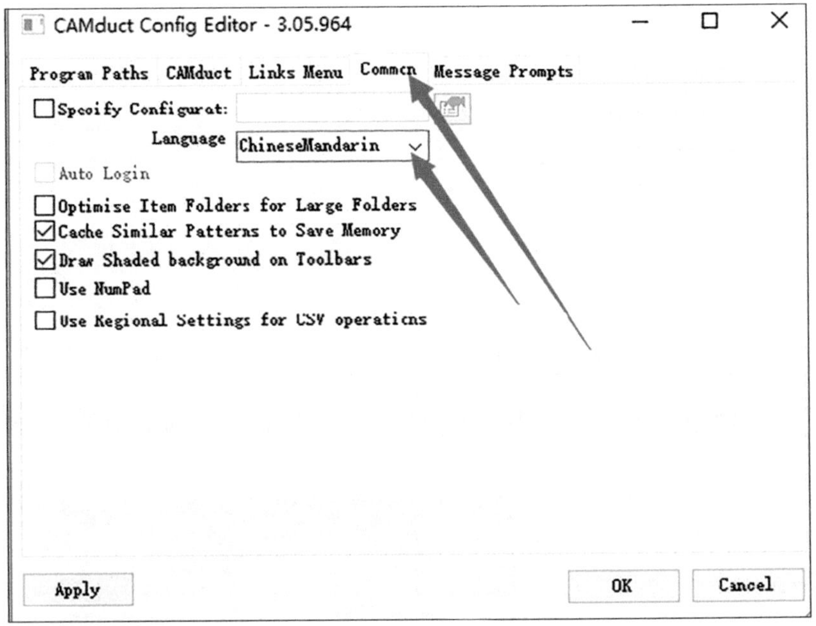

图 9-12 CAMduct 汉化配置设置

9.4.3 加工工艺设置

1. 保温厚度设置

风管穿越不同环境、不同厚度的保温层，具体设置在 Database 的接合部分中，如图 9-13 所示。

先设置"绝缘"部分参数，标示不同厚度规格，如图 9-14 所示。

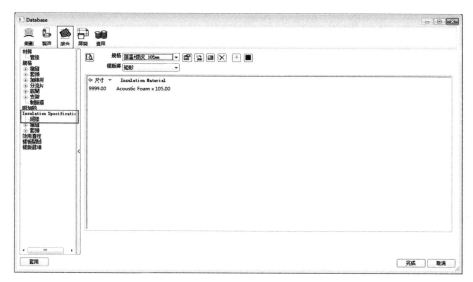

图 9-13　保温厚度设置

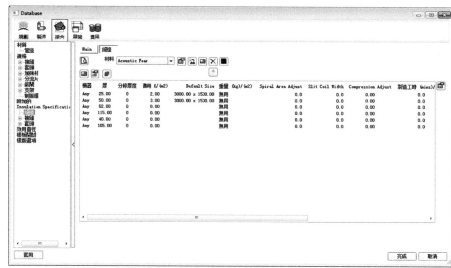

图 9-14　绝缘层厚度设置

再对"Insulation Specification"进行编辑，选择上一步的绝缘规格，即可完成，如图 9-15 所示。

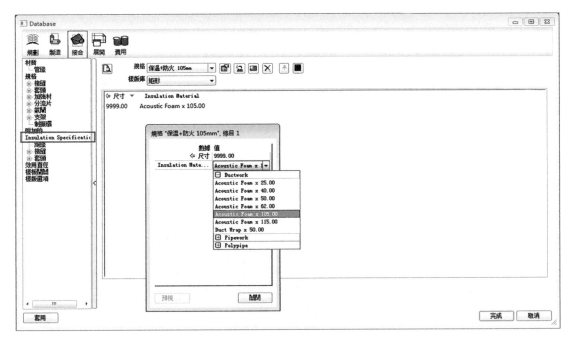

图 9-15　绝缘规格设置

2. 套头设置 connectors

风管套头设置操作如图 9-16 所示。

直接：半径扣减尺寸。

滚子伸量：不设置。

直切口：斜切口。

斜接口：开口或角钢尺寸。

调整长边 / 滑动：不设置。

其余不设置。

3. 拼缝设置 seams

如图 9-17 所示，所有板材规格及尺寸均设置"联合角 7-30"；

设置一个可以手动调整 V 口留料的参数"联合角 7-30 母 V 全留料"；

V 口特殊设置：开口角度 10°，深度 30 mm。已设置完成，但软件不实时变化，可直接加工达到设置效果。

4. 整体设置

对于所采用的风管规格、材料、样板库、采用型式以及标准管件、非标管件的尺寸参数可在"整体设置"对话框中设置和查看，如图 9-18、图 9-19、图 9-20 所示。

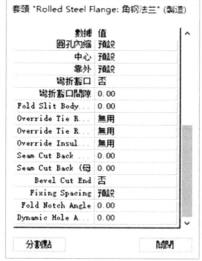

图 9-16　套头设置

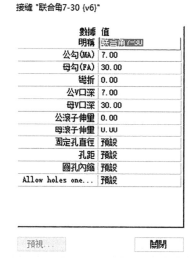
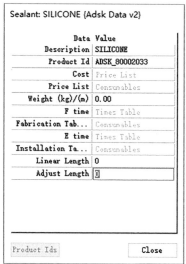

图 9-17　拼缝设置

规格 DW144-LV　材料 Galvanised (DY)　模版库 矩形　使用於 全部型式

通道

尺寸	厚度	STD直缝	Connector (In)	Connector (Out)	接缝	加强材	间距	支架	间距	密封	分流片	额间
320.00	0.45	1254.00	角钢法兰	角钢法兰	联合角7-30	无	0.00	无	0.00	无	无	无
450.00	0.60	1254.00	角钢法兰	角钢法兰	联合角7-30	无	0.00	无	0.00	无	无	无
630.00	0.75	1254.00	角钢法兰	角钢法兰	联合角7-30	无	0.00	无	0.00	无	无	无
1000.00	0.75	1254.00	角钢法兰	角钢法兰	联合角7-30	无	0.00	无	0.00	无	无	无
1500.00	1.00	1257.00	角钢法兰	角钢法兰	联合角7-30	无	0.00	无	0.00	无	无	无
2000.00	1.20	1264.00	角钢法兰	角钢法兰	联合角7-30	无	0.00	无	0.00	无	无	无
2500.00	1.20	1264.00	角钢法兰	角钢法兰	联合角7-30	无	0.00	无	0.00	无	无	无
4000.00	1.20	1264.00	角钢法兰	角钢法兰	联合角7-30	无	0.00	无	0.00	无	无	无
20000.00	2.00	1274.00	角钢法兰	角钢法兰	无	无	0.00	无	0.00	无	无	无

图 9-18 整体设置（1）

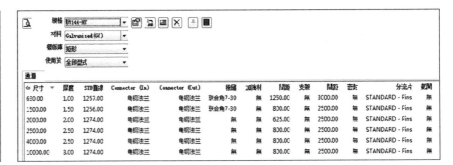

图 9-19 整体设置（2）

规格 DV144-HV　材料 Galvanised (GY)　模版库 矩形　使用类 全部型式

通道

尺寸	厚度	STD直缝	Connector (In)	Connector (Out)	接缝	加强材	间距	支架	间距	密封	分流片	额间
630.00	1.00	1257.00	角钢法兰	角钢法兰	联合角7-30	无	1250.00	无	3000.00	无	STANDARD - Fins	无
1500.00	1.50	1256.00	角钢法兰	角钢法兰	联合角7-30	无	800.00	无	2500.00	无	STANDARD - Fins	无
2000.00	2.00	1274.00	角钢法兰	角钢法兰	无	无	625.00	无	2500.00	无	STANDARD - Fins	无
2500.00	2.50	1274.00	角钢法兰	角钢法兰	无	无	800.00	无	2500.00	无	STANDARD - Fins	无
4000.00	2.50	1274.00	角钢法兰	角钢法兰	无	无	800.00	无	2500.00	无	STANDARD - Fins	无
10000.00	3.00	1274.00	角钢法兰	角钢法兰	无	无	800.00	无	2500.00	无	STANDARD - Fins	无

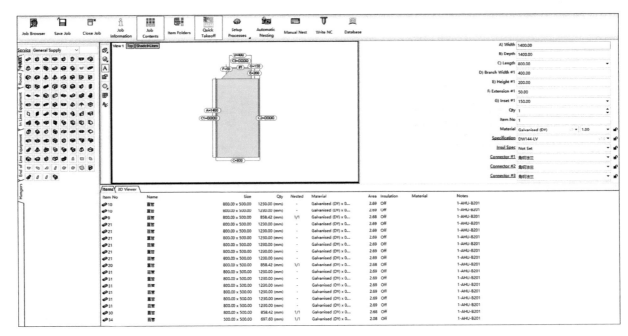

图 9-20 整体设置（3）

5. 机械（等离子切割机）位置
机器返回起始点的设置操作如图 9-21 所示。

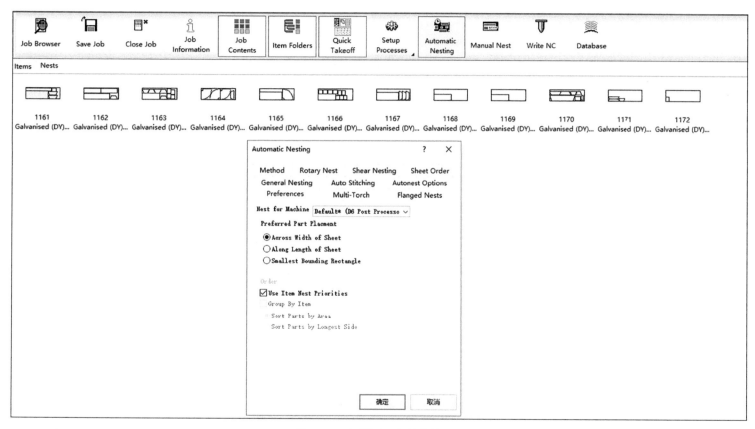

图 9-21　机器返回起始点的设置

9.4.4 预制加工库

建立企业级预制加工库，预制加工库包括常规矩形风管、过渡风管、靴形、蝶形三通、Y形三通等管段，方便在预制加工时能够直接调用进行预组装，如图 9-22 所示。

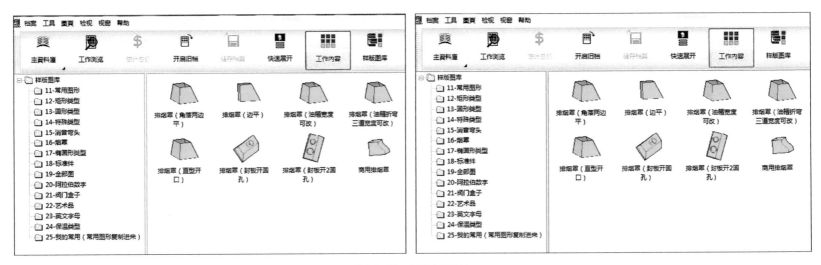

图 9-22 预制加工库

9.4.5 整理输出量单

在预制组装的暖通专业模型完成之后，可根据搭建完成的模型进行工程量统计，项目工程量清单模板如表 9-1 和表 9-2 所列。

1. 项目汇总表模板

表 9-1　项目汇总表模板

项目汇总表

甲方公司名称：	**XX 公司**	工作编号：	**49**
乙方公司名称：	**XX 公司**	制表人（备注）：	
联系人（电话）：		日期：	

节：无

名称	项目编号	尺寸 /mm	厚度	节长 /m	法兰形式	接缝形式	数量	总块数	面积（m²）
直管（1 片）	2	300×200	0.5	1	共板法兰	联合角 7-30	1	1	1.13
直管（1 片）	1	300×200	0.5	1	共板法兰（打孔）	联合角 7-30	10	10	11.24
45°弧形弯头	5	200×100	0.5	45°	共板法兰	联合角 7-30	1	4	0.29
内外弧形弯头	4	200×100	0.5	90°	共板法兰	联合角 7-30	5	20	2.07
内外弧形弯头	6	500×400	0.7	0.7	共板法兰	联合角 7-30	5	20	10.45
变径（宽深及偏移任意调整）	3	300×200	0.5	0.5	共板法兰	联合角 7-30	10	40	3.16
鞋型	7	500×400	0.9	0.9	共板法兰	联合角 7-30	100	200	56.22
顶部开圆孔堵头（2 片）	8	500×500	1.2	1.2	无	联合角 7-30	5	10	4.87

2. 排料明细表模板

3. 下料管件类型

预制加工库的下料管件类型种类齐全，基本上囊括常规机电的风管类型，如图 9-23、图 9-24、图 9-25、图 9-26 所示。

表 9-2　排料明细表模板

排料明细表（详细）

公司名称：　　　　　　　　　　　　　　　　　　　　　　　　　联系方式：

客户名称：　X 公司　　　　　　　　　　　　　　　　　　　　　日期：　2021/11/21/ 星期日

材料：钢板 ×120								
NC 编号	材料	使用长度	使用长度 × （板宽 +40）	重量 /kg	使用宽度 /m	切割面积 /m²	料件面积 /m²	料件量 /kg
1198	钢板 ×1.20	2.05	2.61	20.48	0.68	1.39	1.34	10.52
1199	钢板 ×1.20	3.62	4.57	35.9	1.05	3.79	3.08	24.21
材料：板 ×0.90								
NC 编号	材料	使用长度	使用长度 × （板宽 +40）	重量 /kg	使用宽度 /m	切割面积 /m²	料件面积 /m²	料件量 /kg
1211	钢板 ×0.9	3.94	4.98	39.07	1.18	4.64	3.52	27.64
1212	钢板 ×0.9	3.94	4.98	39.07	1.18	4.64	3.52	27.64
1213	钢板 ×0.9	3.94	4.98	39.07	1.18	4.64	3.52	27.64
1214	钢板 ×0.9	3.94	4.98	39.07	1.18	4.64	3.52	27.64
材料：板 ×0.70								
NC 编号	材料	使用长度	使用长度 × （板宽 +40）	重量 /kg	使用宽度 /m	切割面积 /m²	料件面积 /m²	料件量 /kg
1215	钢板 ×0.7	0.86	1.13	8.85	0.86	0.74	0.5	3.94
1216	钢板 ×0.7	3.74	4.73	37.1	1.24	4.64	2.51	19.68
1217	钢板 ×0.7	3.81	4.81	37.77	1.18	4.72	3.29	25.8
1218	钢板 ×0.7	3.93	4.96	38.92	1.18	4.87	3.52	25.16
材料：板 ×0.50								
NC 编号	材料	使用长度	使用长度 × （板宽 +40）	重量 /kg	使用宽度 /m	切割面积 /m²	料件面积 /m²	料件量 /kg
1222	钢板 ×0.5	3.96	5	39.25	1.24	4.89	4.41	34.59
1223	钢板 ×0.5	3.94	4.98	39.08	1.24	4.89	4.12	32.32
Grand Totals								
使用长度 /m	使用长度 × （板宽 +40）	重量 /kg	使用宽度 /m	切割面积 /m²	料件量 /kg			
41.67	52.69	413.64	13.5	48.51	286.8			

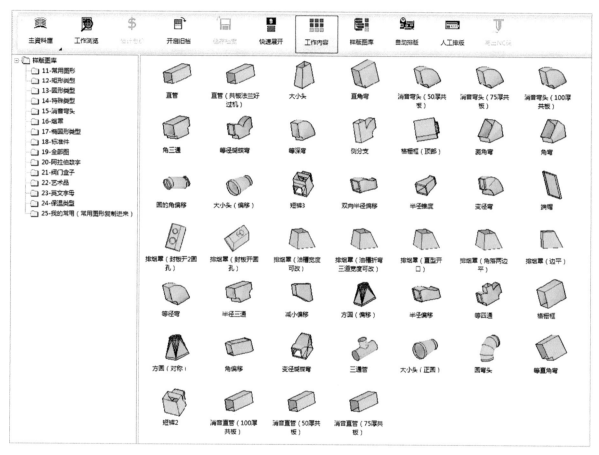

图 9-23　下料管件类型（1）

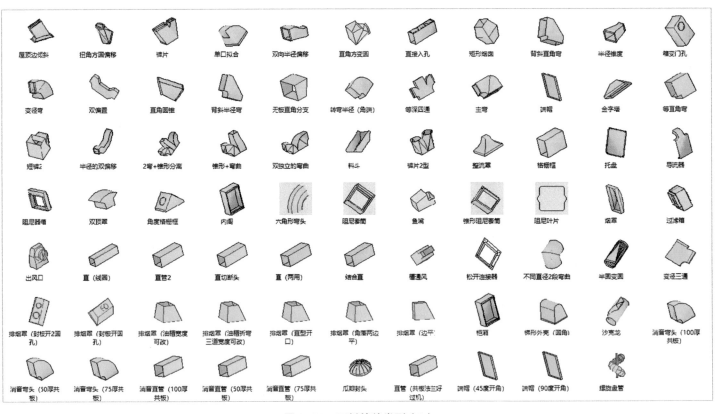

图 9-24　下料管件类型（2）

图 9-25 下料管件类型（3）

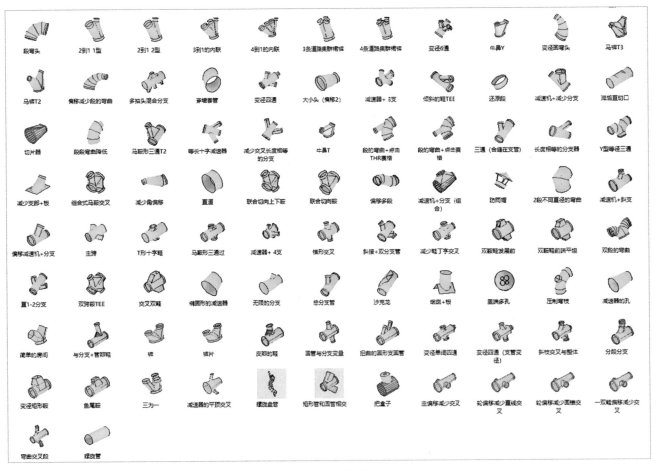

图 9-26 下料管件类型（4）

9.5　NC 走刀案例和 NC 代码（异形天圆地方样例）

1. 异形天圆地方钣金展开和 NC 代码样例

以异形天圆地方的钣金展开为例，切割出展开后的钣金形状，继而进行钢板走刀切割、折弯、校正、铆接或焊接法兰等工序，最终成型为一个风管管件成品，走道路径如图 9-27 所示，模型转化成数控机床能够识别的 NC 代码如表 9-3 所列。

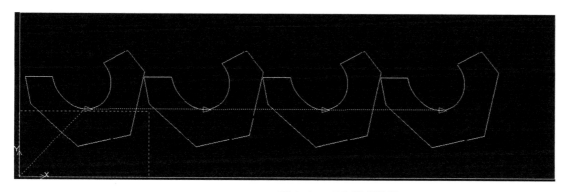

图 9-27　NC 代码样例

表 9-3　钣金展开切割走道步骤和 NC 代码

序号	NC 代码	序号	NC 代码
1	G21	6	G03 X2.3701 Y-2.6235 12.4968-0.1267
2	G91	7	G01 X7.3872 Y-0.3748
3	G00 X1206.6478 Y1246.3291	8	G01 X15.8622 Y-0.267
4	M07	9	G01 X15.8623 Y0.2712
5	G01 X-0.1267 Y-2.4968	10	G01 X15.8439 Y0.8106

序号	NC 代码	序号	NC 代码
11	G01 X15.8067 Y1.3513	27	G01 X12.6027 Y9.6454
12	G01 X15.751 Y1.8933	28	G01 X12.2458 Y10.0987
13	G01 X15.6766 Y2.4365	29	G01 X11.8754 Y10.5353
14	G01 X15.5835 Y2.981	30	G01 X11.4915 Y10.9553
15	G01 X15.4718 Y3.5267	31	G01 X11.0941 Y11.3586
16	G01 X15.3409 Y4.0699	32	G01 X10.6832 Y11.7452
17	G01 X151903 Y4.6074	33	G01 X10.2589 Y12.1153
18	G01 X15.0199 Y5.1389	34	G01 X9.821 Y12.4687
19	G01 X14.8298 Y5.6645	35	G01 X9.3696 Y12.8054
20	G01 X14.6199 Y6.1841	36	G01 X8.9047 Y13.1255
21	G01 X14.3902 Y6.6977	37	G01 X8，4288 Y13.4286
22	G01 X14.1408 Y7.2053	38	G01 X7.9511 Y13.7131
23	G01 X13.8717 Y7.707	39	G01 X7.4741 Y13.9786
24	G01 X13.5827 Y8.2028	40	G01 X6.9976 Y14.2251
25	G01 X132741 Y8.6925	41	G01 X6.5219 Y14.4526
26	G01 X12.9461 Y9.1756	……	……

2. 板材布局和切割信息统计

切割镀锌钢板板材之后，可导出板材名称、板材尺寸、材料类型、材料厚度、材料利用率、工程数量表等统计清单，如图 9-28 所示。

板材布局和切割信息统计

板材名称	MC20210114-plane
板材尺寸	10000.00x3000.00
材料类型	CRS
材料厚度	1.2
材料利用率(%)	24.1

零件总数	4
总路径长度	38055.6
切割路径长度 /mm	29716.5
空行程长度 /mm	8339.1
刺穿次数 /mm	4

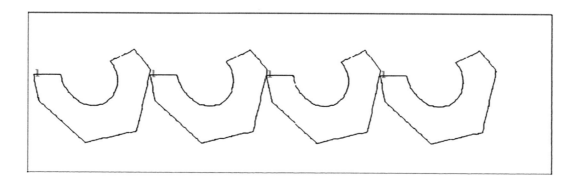

零件列表

序号	零件名称	零件个数	零件尺寸	零件面积 /mm^2
1	20210114	4	2215.95x1756.84	1810880.7

图 9-28　板材布局和切割信息统计

第 10 章　对接法兰制作

共板式法兰风管又称无法兰风管，其制作形式比传统的矩形风管加工速度更快捷方便，优点是节省材料，减少工程投资；降低能耗，节省运行费用。

10.1　法兰制作生产设备

生产共板法兰风管需要的设备有多功能剪板机、多功能咬边机、多功能压筋机、共板法兰成型机、共板法兰配套折方机、多功能角码与勾码冲床。常用的风管法兰及连接螺栓排布如图 10-1 所示。

10.2　型钢法兰制作

型钢法兰制作顺序为：下料→打孔→焊接→钻螺孔→涂刷防腐漆。

以上工艺制作的法兰盘仍然存在互换性差的问题，可能会出现的问题有：法兰表面不平整，矩形法兰旋转 180° 后，与同规格的法兰螺孔不重合，内边尺寸或两对角线的尺寸不相及超过允许的偏差问题，会影响风管部件在施工现场的正常组装。偏差小的在安装过程中可稍微修整；偏差过大造成返工和浪费。

10.3　共板法兰制作

（1）标准直管由流水线上直接压制成连体法兰。

（2）非标直管、弯头、三通、四通、配件等下料后，在单机设备上完成 TDF 法兰成型。

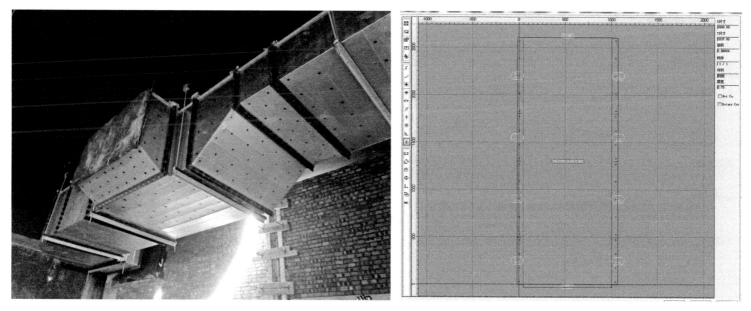

图 10-1　风管法兰及接炼栓排布

（3）法兰角由模具直接冲压成型，安装时卡在四个角即可。

（4）法兰间的连接用法兰卡，由镀锌钢板制作，经法兰卡成型机成型后切割成统一的尺寸供安装连接使用。TDF 共板法兰因与管道钢板连成一体，不必像角钢法兰般打孔铆接，在两节管道的连接上用专用法兰卡，四角加 90°法兰角后用螺栓连接。操作简单，提高了效率，外观平整、光滑，尺寸准确，互换性强，产品的质量稳定。

风管镀锌钢板钣金做法和风管法兰连接如图 10-2 所示。

目前风管的无法兰连接工艺已被广泛应用于各种工程。关于国家标准 GB 50243—2002《通风与空调工程施工及验收规范》中明确规定矩形风管可以采用无法兰连接工艺。各工程项目均采用无法兰连接形式，效果良好。

目前，作为空调、通风系统中重要组成部分的风管用量逐年增加，对其要求也越来越高。风管的制作、安装所使用的新材料和新工艺类型多样，共板法兰风管只是其中之一。

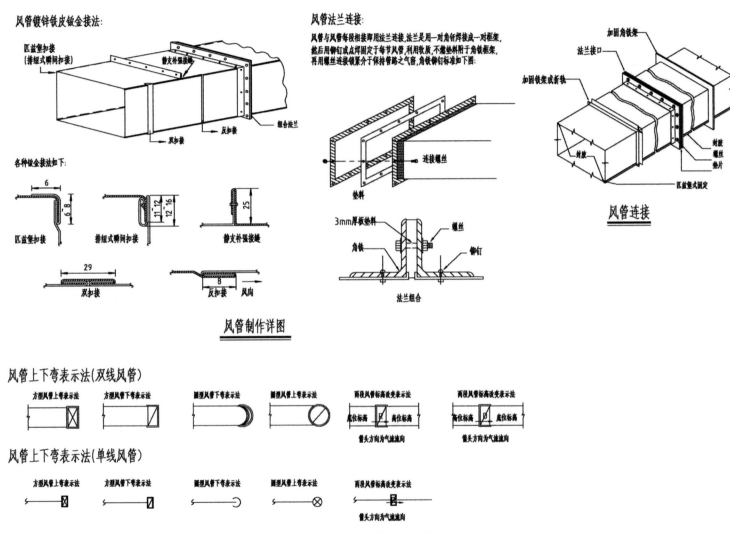

图 10-2　风管法兰安装

由于之前在国内缺乏先进的加工风管设备而且未得到规范的认可，绝大部分安装单位在风管的制作、安装过程中都采用角钢法兰连接，消耗了大量的角钢、焊条、螺栓、油漆等材料，以及大量的人工；制作精度、工作效率较低，生产成本较高，而且风管的制作、安装质量不易得到保证，是一种较为陈旧、落后的制作工艺。随着现行《通风与空调工程施工及质量验收规范》（GB 50243—2016）对风管无法兰连接方式的认可，共板法兰风管加工流水线在国内的应用已经广泛普及。

在相同的工期情况下，通过与角钢法兰风管比较，对于每 10 m² 风管制作及安装，可节省人工成本 10% 左右，各种型钢 15 kg，各种连接用螺栓 10 套，防锈漆 0.2 kg；风管法兰采用镀锌钢板制作，镀锌钢板用量增加约 6%；采用生产线，制作精度及质量更易控制。另外，型钢及防腐工程量的减少，减轻了油漆对环境的污染，具有较好的经济及社会效益。

10.4 钢板风管板材厚度

卷曲冷轧钢板如图 10-3 所示，加工风管所采用的钢板风管板材厚度参数可参照表 10-1。

图 10-3 冷轧钢板卷曲

表 10-1　风管加工用钢板风管板材厚度 /mm

类别 /mm	微压、低压系统风管	圆形风管	矩形风管		除尘系统风管
风管直径 D 或长边尺寸 b			中、低压系统	高压系统	
$D（b）\leqslant 320$	0.5	0.5	0.5	0.75	2.0
$320 < D（b）\leqslant 450$	0.5	0.6	0.6	0.75	2.0
$450 < D（b）\leqslant 630$	0.6	0.75	0.75	1.0	3.0
$630 < D（b）\leqslant 1\,000$	0.75	0.75	0.75	1.0	4.0
$1\,000 < D（b）\leqslant 1\,250$	1.0	1.0	1.0	1.2	5.0
$1\,250 < D（b）\leqslant 2\,000$	1.0	1.2	1.0	1.5	按设计
$2\,000 < D（b）\leqslant 4\,000$	1.2	按设计	1.2	按设计	按设计

注：螺旋风管的钢板厚度可适当减小 10%~15%；

排烟系统风管钢板厚度可参考按高压系统；

特殊除尘系统风管钢板厚度应符合设计要求；

不适用于地下人防与防火隔墙的预埋管。

10.5　复合风管制作

10.5.1　应用现状

经过不断改革和创新，并进行充分施工实践测试，目前酚醛复合风管产品已得到广泛应用领域。

（1）铝箔酚醛复合风管系列，采用酚醛泡沫为绝缘芯材，双面压纹铝箔，可定做 2 cm 和 2.5 cm 的板材。

（2）酚醛泡沫为绝缘芯材的单面彩钢和双面彩钢酚醛复合风管，外部用彩钢覆盖，内部用铝箔覆盖或在两侧都涂上彩色钢。

（3）镀锌板酚醛复合风管，采用酚醛泡沫为绝缘芯材，外侧为镀锌钢板，内侧覆盖铝箔。

10.5.2　应用领域

复合风管是一种具有保温，吸音和隔音效果的酚醛复合材料的风管。用金属薄板覆盖外部板材后，板材的强度能够较大地提升和改善，具有传统复合风管无法比拟的优势。

酚醛复合风管使用的酚醛泡沫保温材料具有较好的保温隔热和防火的优势特点，因此，被广泛用于内墙保温、地暖墙采暖保温、内墙吸音和隔热隔墙等领域。

一般地，酚醛泡沫板与铝箔复合制成夹芯板，然后加上专门的法兰配件，制成的酚醛复合风管用于中央空调通风。酚醛复合夹芯板其内外表面是涂层铝箔，中间层为酚醛泡沫材料，其综合性能有较大的改观，特别是在力学性能方面，如抗弯曲性、抗压、脆性及加工性能等方面都有较大的改进，满足了空调通风管的使用要求。

酚醛泡沫材料具有阻燃性能好，导热系数小，吸声性能优良，使用寿命长。因此在工程领域中得到了广泛的应用，如中央空调风管、冷热输送管道、洁净厂房等工程建设项目中。

10.5.3　经济优势

与传统风管相比，酚醛铝箔复合风管还有大优势：

（1）酚醛复合风管的绝热性能好，可以大幅减少空调的散热损失，减少中央空调系统的设备容量，从而使得中央空调设备一次投资费用减少，并且使得空调系统的运行费用也相应减少。

（2）酚醛铝箔复合风管本身就是一个很好的管式消声器，与金属风管系统相比，其不必再设置消声罩和消声弯头之类的消声配件，可节省部分成本费用。

（3）酚醛复合风管的安装工期短，大约只有传统风管的 1/5 左右。

（4）酚醛铝箔复合风管维修简单，清洗方便，且没有结露现象产生，可减少维修费用。

（5）酚醛铝箔复合风管施工不需要预留空间，因此与传统风管相比，采用酚醛铝箔复合风管可节约 5~8 cm 的吊顶空间，降低造价成本。

（6）酚醛复合风管的重量非常轻，这就减少了建筑的质量负荷，从而可以相应地减少建筑基础和结构的建造费用。

10.6　酚醛复合风管技术参数

酚醛复合风管技术参数参照如表 10-2 所列。

表 10-2　酚醛复合风管技术参数

风管风速 / （ m/s ）	每米沿程摩阻 PR/ （ Pa/m ）	沿程摩阻系数 λ	风管内静压 Ps/Pa	漏风量 Qal （ m³/h·m² ）		耐压 /Pa （ 风管内静压 ）		风管壁变形量 /%	
				标准值	检验值	标准值	检验值	标准值	检验值
4	1.03	0.023 8	500	1.00	0.68	500	532	1.00	0.37
6	2.07	0.021 3	800	1.36	1.05	800	835	–	0.47
8	3.50	0.020 3							
10	5.30	0.019 6	1 000	1.57	1.26	1 000	1 034	–	0.53
12	7.30	0.018 8							
14	9.70	0.018 3	1 200	1.77	1.42	1 200	1 257	–	0.6
16	12.64	0.0183	1 500	2.04	1.62	1 500	1 535	–	0.7
18	15.80	0.018 1							

第11章 电缆桥架制作

在供电系统中，电缆是连接电源设备和供配电设备的关键桥梁，供电电缆分为一次电缆和二次电缆，整个系统电缆类型近200多种，导致在变电所狭小的空间里面施工时，电缆敷设受美观的影响，也会产生电磁干扰的影响。具体存在以下问题：

（1）现场测量难度大、用料浪费较多。

（2）由于传统的电缆敷设图纸或清单中电缆长度都不够精确，与实际用量普遍存在较大偏差。通常，技术人员根据图纸判断电缆走向，再由施工人员现场测量决定电缆长度。而现场测量的难度较大，施工人员测量水平的良莠不齐常导致测量误差较大，浪费电缆。

（3）因为电缆敷设通常都是由技术人员依据图纸判断电缆走向，现场测量出电缆长度，再编写出敷设顺序，因此对技术人员的依赖性较大，且技术人员判断过程中缺乏合适的参照资料，仅凭传统的二维CAD图纸及施工经验很难保证考虑到位。实际上由于技术人员考虑不到位导致电缆交叉过多而返工的时有发生。

（4）预留量考虑不到位，现场随意盘圈，规范标准要求电缆敷设必须保证预留量，但因为电缆实际的长度、走向及敷设顺序都和图纸有出入，预留量无法确定长度。随意盘圈常导致现场敷设凌乱、不美观，浪费电缆。

（5）支架位置布设不合理，电缆走向限制。图纸设置不合理，电缆支架的位置常与现场实际的设备位置及电缆走向不匹配，因此限制了电缆的走向和敷设顺序，最终需要花费大量人力物力来调整和解决电缆交叉问题。

（6）敷设空间限制，机械施工无法展开。供电设备机房内敷设电缆受空间限制，电缆敷设常主要以人工敷设为主，人工测量及敷设所导致的测量误差大、敷设顺序不合理等问题都会导致电缆敷设交叉、布局不美观，同时也造成了物料的浪费。

11.1 托架载荷计算

11.1.1 电缆桥架的载荷 $G_{总}$ 的计算

$G_{总}=n_1q_1+n_1q_1+n_1q_1+\cdots\cdots n_nq_n$，其中 n 是电缆的根数，q 是相应电缆单位长度的质量，单位是 kg/m；$G_{总}$ 要小于托架的允许载荷。托架如果在室外或带有护罩时，还要计入水载荷和风载荷等因素。

11.1.2 电缆总截面的计算

$$S_{总}=n_1S_1+n_2S_2+n_3S_3+\cdots\cdots+n_nS_n$$

11.1.3 托盘截面积的确定

$$S=S_{总}/K_1\times K_2$$

式中：K_1——电缆的填充系数。

$\quad\quad K_2$——裕量系数。

11.1.4 其他参数

（1）挠度：托盘在支架间的最大挠度值，一般选用小于支架间距的 1/200。

（2）填充系数 K_1：填充系数 K_1 指托盘内所含全部电缆的实际截面积之和与托盘截面积之比。

对动力电缆一般选为：$K_1=S_{总}/S\times 40\%$；

（3）对信号和控制电缆一般选为：$K_2=S_{总}/S\times 50\%$；

（4）余量系数 K_2：指将来电缆可能要增加敷设根数时，考虑发展需要的根数，一般选取 10%~15%。

电缆弯曲半径按照 GB 50168—2016《电气装置安装工程电缆线路施工及验收规范》计算，如表 11-1 所列。

表 11-1　电缆最小弯曲半径（注：表中 D 为电缆外径）

电缆型式		多芯	单芯
控制电缆		10D	
橡皮绝缘电力电缆	无铅包、钢铠护套	10D	
	裸包护套	15D	
	钢铠护套	20D	
聚氯乙烯绝缘电力电缆		10D	
交联聚乙烯绝缘电力电缆		15D	20D
油没纸绝缘电力电缆	铅包	30D	
	有铠装	15D	20D
	无铠装	20D	
自容式充油（铅包）电缆			20D

11.2　电缆沟、支架、电缆敷设参数化布设

BIM 出图，电缆沟平面布置如图 11–1 所示。

BIM 出图，电缆沟断面中电缆支架和做法如图 11–2 所示。

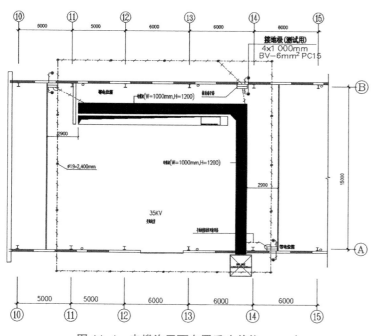

图 11–1　电缆沟平面布置禾（单位：mm）

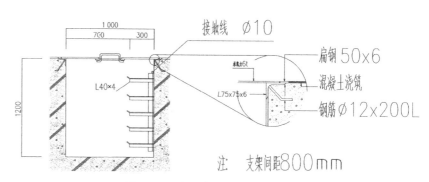

图 11–2　电缆沟断面（单位：mm）

11.3 综合管线及支吊架安装示意

设备区综合管线及支吊架安装出图时，需要标注清楚管道系统类型、管道专业名称、规格尺寸、管道标高（风管以底标高为界、桥架以底标高为界、水管以中心标高为界。）如图 11-3 所示。

11.3.1 吊架

室内管线吊架可在结构完成面（包括结构顶板、梁、柱）的地方进行生根处理或打膨胀螺栓处理，固定吊架支座，吊架分层根据管线排布的空间及间距来确定，如图 11-4 所示。

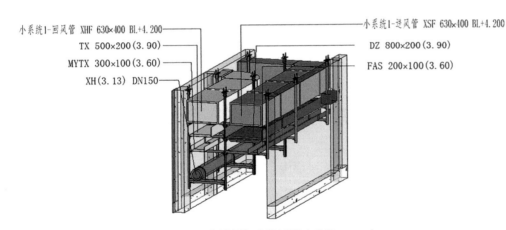

图 11-3 电缆桥架安装示意（单位：mm）

图 11-4 吊架安装

11.3.2 落地托架

同样地，落地托架在结构完成地面上进行预埋或打膨胀螺栓处理，落地托架根据管线排布的空间及间距来确定，如图 11-5 所示。

11.3.3　桥架连接部位

桥架连接大多数采用螺栓节点板进行连接，同时需要进行等电位处理，对于电缆桥架三通处理，可以采用桥架侧面开槽的做法，然后侧方桥架直接与主桥架连接并用螺栓固定，如图 11-6 所示。

图 11-5　托架安装

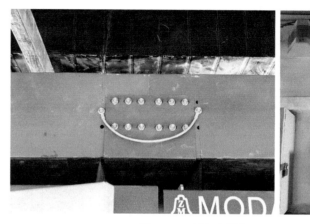

图 11-6　桥架连接部位

11.4　综合管线调整原则和方法

综合管线调整原则和方法如图 11-7 所示。

11.4.1　综合管线调整原则

1. 机房内管线排布

机房内管道规格较大且需要与机电设备进行连接。应把能够成排布置的管线成排布置，合理安排管道走向，尽量减少管道在机房内的交叉、返弯等现象。在一些管线较多的部位制作联合的管道支架，既节省空间，又可以节省材料，整个机房布置也显得合理整齐。

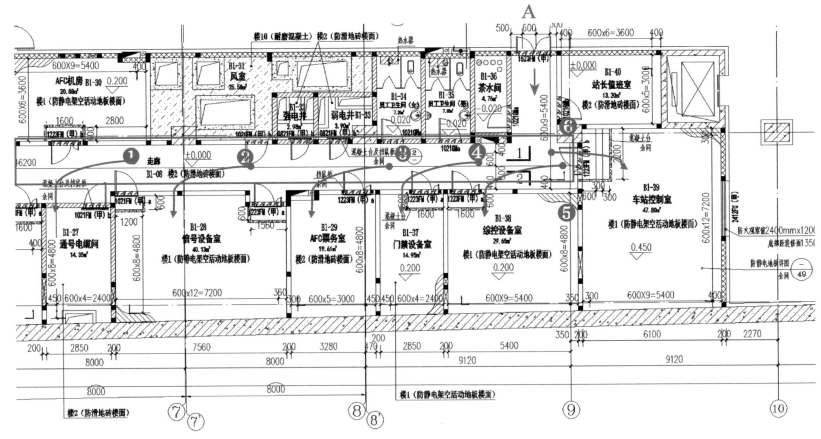

图 11-7 综合管线调整原则和方法（单位：mm）

2. 管道井处

管道竖井是管道较为集中的部位，应提前进行管道综合布设，否则会使管道布置凌乱。要先对该部位的管道进行分析，根据管道到各个楼层的出口来具体确定管道在竖井内的位置，并在竖井入口处做大样图，标明不同类型的管线的走向、管径、标高、坐标位置。

3. 设备区走廊

设备区走廊内等管线分布较为集中的部位，通常管道种类繁多，包括通风管道及冷冻水、冷凝水管道、电气桥架及分支管、消防喷洒干管及分支管道、冷热水管道及分支管等，容易产生管道纠集在一起的状况。必须充分考虑各种管道的走向及不同的布置要求，利用有限的空间，因地制宜，遵循避让原则和相关设计规范，合理排布管道并制定这些部位的安装大样图，使各种管道合理布置。

11.4.2 管线避让原则

（1）有压让无压。

（2）小管让大管。

（3）简单让复杂。

（4）冷凝水让热水。

（5）附件少的让附件多的。

（6）支管让主管。

（7）非保温让保温。

（8）低压让高压。

（9）气管让水管。

（10）金属管让非金属管。

（11）可弯管线让不可弯管线。

（12）给水让排水。

（13）检修难度小的让检修难度大的、常态让易燃易爆、电气管线避热、避水（在热水管线、蒸汽管线上方及水管的垂直下方不宜布置电气线路。）

11.4.3 管线纵向排布原则

气体上液体下，保温上但不保温下，高压上而低压下，金属管道上、非金属管道下，不常检修上、常检修下，电上、水中、风下等。

11.4.4 综合管线调整方法

综合管线调整的大前提是遵照各机电专业管线的排布原则，划分和区分开公共区域和设备区域的界限。公共区的空间较为宽阔，机电管线排布按照管线排布原则、避让原则来确定即可。而设备区走廊处一般宽度为 2~2.5 m 左右，空间较为狭窄，因此在设备区域与公共区域界限处的管线起点需要提前估量起点 A 点到 ❶、❷、❸、❹、❺、❻……设备房间的距离（至少提前 2~3 m 的距离），进入设备房间的机电管线需要提前翻弯排布"靠墙"，预留出足够的空间进墙，避免管线较多的情况下需要进墙的管线被夹在管线中间而找不到提前翻弯转折的位置，并且注意预留最顶处的管线距离顶部结构面的纵向距离、预留管线与管线之间上下左右之间的距离、预留固定管卡和保温层的空间位置、预留横向最边缘管线与综合支吊架的立柱之间的横向距离，考虑有无加腋或者结构梁柱等空间障碍，再结合设计院图纸和支吊架厂家图纸进行深化排布。

11.5 电缆桥架型钢重量查询

在综合支吊架的选型计算时，需要查询或者计算出电缆桥架 / 支架 / 吊架重量和规格，以及支架 / 吊杆的形式等信息，查询参数如表 11-2、表 11-3、表 11-4、表 11-5 所列。

表 11-2 电缆桥架 / 支架 / 吊架重量表（一）

电缆桥架 / 支架 / 吊架重量						桥架规格		支架 / 吊杆
桥架长度 500/mm		桥架长度 730/mm		桥架长度 800/mm		宽 /mm	高 /mm	
支架	吊杆	支架	吊杆	支架	吊杆			
0.36	0.45	0.36	0.36	0.36	0.72	100	50	∟ 40×40×4/Φ10
0.36	0.45	0.36	0.66	0.36	0.72	100	100	∟ 40×40×4/Φ10
0.44	0.45	0.44	0.66	0.44	0.72	150	100	∟ 40×40×4/Φ10
0.53	0.45	0.53	0.66	0.53	0.72	200	100	∟ 40×40×4/Φ10
0.65	0.65	0.65	0.95	0.65	1.04	300	100	∟ 40×40×4/Φ12

| 电缆桥架 / 支架 / 吊架重量 | | | | | | 桥架规格 | | 支架 / 吊杆 |
| 桥架长度 500/mm | | 桥架长度 730/mm | | 桥架长度 800/mm | | 宽 /mm | 高 /mm | |
支架	吊杆	支架	吊杆	支架	吊杆			
0.71	0.65	0.71	0.95	0.71	1.04	300	150	∟ 40 × 40 × 4/Φ 12
0.81	0.65	0.81	0.95	0.81	1.04	400	100	∟ 40 × 40 × 4/Φ 12
0.89	0.65	0.89	0.95	0.89	1.04	400	150	∟ 40 × 40 × 4/Φ 12
0.89	0.65	0.89	0.86	0.89	1.04	400	200	∟ 40 × 40 × 4/Φ 12
0.89	0.65	0.89	0.95	0.89	1.04	500	100	∟ 40 × 40 × 4/Φ 12
1.24	0.65	1.24	0.95	1.24	1.04	600	100	∟ 40 × 40 × 4/Φ 12
1.24	0.65	1.24	0.95	1.24	1.04	600	150	∟ 40 × 40 × 4/Φ 12
1.24	0.65	1.24	0.95	1.24	1.04	600	200	∟ 40 × 40 × 4/φ12
2.49	1.78	2.49	2.59	2.49	2.84	800	100	∟ 50 × 50 × 5/∟ 40 × 40 × 4
2.49	1.78	2.49	2.59	2.49	2.84	800	150	∟ 50 × 50 × 5/∟ 40 × 40 × 4
2.49	1.78	2.49	2.59	2.49	2.84	800	200	∟ 50 × 50 × 5/∟ 40 × 40 × 4
3.04	1.78	3.04	2.59	3.04	2.84	1 000	100	∟ 50 × 50 × 5/∟ 40 × 40 × 4
3.04	1.78	3.04	2.59	3.04	2.84	1 000	150	∟ 50 × 50 × 5/∟ 40 × 40 × 4
3.04	1.78	3.04	2.59	3.04	2.84	1 000	200	∟ 50 × 50 × 5/∟ 40 × 40 × 4
3.59	1.78	3.59	2.59	3.59	2.84	1 200	100	∟ 50 × 50 × 5/∟ 40 × 40 × 4
3.95	1.78	3.95	2.59	3.95	2.84	1 200	150	∟ 50 × 50 × 5/∟ 40 × 40 × 4
3.95	1.78	3.95	2.59	3.95	2.84	1 200	200	∟ 50 × 50 × 5/∟ 40 × 40 × 4

表 11-3　电缆桥架 / 支架 / 吊架重量表（二）

电缆桥架 / 支架 / 吊架重量						支架 / 吊杆
桥架长度 1 000/mm		桥架长度 1 200/mm		宽 /mm	高 /mm	
支架	吊杆	支架	吊杆			
0.36	0.9	0.36	1.09	100	50	∟ 40 × 40 × 4/Φ10
0.36	0.9	0.36	1.09	100	100	∟ 40 × 40 × 4/Φ10
0.44	0.9	0.44	1.09	150	100	∟ 40 × 40 × 4/Φ10
0.53	0.9	0.53	1.09	200	100	∟ 40 × 40 × 4/Φ10
0.65	1.3	0.65	1.56	300	100	∟ 40 × 40 × 4/Φ12
0.71	1.3	0.71	1.56	300	150	∟ 40 × 40 × 4/Φ12
0.81	1.3	0.81	1.56	400	100	∟ 40 × 40 × 4/Φ12
0.89	1.3	0.89	1.56	400	150	∟ 40 × 40 × 4/Φ12
0.89	1.3	0.89	1.56	400	200	∟ 40 × 40 × 4/Φ12
0.89	1.3	0.89	1.56	500	100	∟ 40 × 40 × 4/Φ12
1.24	1.3	1.24	1.56	600	100	∟ 40 × 40 × 4/Φ12
1.24	1.3	1.24	1.56	600	150	∟ 40 × 40 × 4/φ12
1.24	1.3	1.24	1.56	600	200	∟ 40 × 40 × 4/Φ12
2.49	3.55	2.49	4.26	800	100	∟ 50 × 50 × 5/∟ 40 × 40 × 4
2.49	3.55	2.49	4.26	800	150	∟ 50 × 50 × 5/∟ 40 × 40 × 4
2.49	3.55	2.49	4.26	800	200	∟ 50 × 50 × 5/∟ 40 × 40 × 4
3.04	3.55	3.04	4.26	1 000	100	∟ 50 × 50 × 5/∟ 40 × 40 × 4
3.04	3.55	3.04	4.26	1 000	150	∟ 50 × 50 × 5/∟ 40 × 40 × 4
3.04	3.55	3.04	4.26	1 000	200	∟ 50 × 50 × 5/∟ 40 × 40 × 4
3.59	3.55	3.59	4.26	1 200	100	∟ 50 × 50 × 5/∟ 40 × 40 × 4
3.95	3.55	3.95	4.26	1 200	150	∟ 50 × 50 × 5/∟ 40 × 40 × 4
3.95	3.55	3.95	4.26	1 200	200	∟ 50 × 50 × 5/∟ 40 × 40 × 4

表 11-4　电缆桥架 / 支架 / 吊架重量表（三）

电缆桥架 / 支架 / 吊架重量						桥架规格		支架 / 吊杆
1 300/mm		1 400/mm		1 500/mm		宽 /mm	高 /mm	
支架	吊杆	支架	吊杆	支架	吊杆			
0.36	1.18	0.36	1.27	0.36	1.36	100	50	∟40×40×4/Φ10
0.36	1.18	0.36	1.27	0.36	1.36	100	100	∟40×40×4/Φ10
0.44	1.18	0.44	1.27	0.44	1.36	150	100	∟40×40×4/Φ10
0.53	1.18	0.53	1.27	0.53	1.36	200	100	∟40×40×4/Φ10
0.65	1.69	0.65	1.82	0.65	1.95	300	100	∟40×40×4/Φ12
0.71	1.69	0.71	1.82	0.71	1.95	300	150	∟40×40×4/Φ12
0.81	1.69	0.81	1.82	0.81	1.95	400	100	∟40×40×4/Φ12
0.89	1.69	0.89	1.82	0.89	1.95	400	150	∟40×40×4/Φ12
0.89	1.69	0.89	1.82	0.89	1.95	400	200	∟40×40×4/Φ12
0.89	1.69	0.89	1.82	0.89	1.95	500	100	∟40×40×4/Φ12
1.24	1.69	1.24	1.82	1.24	1.95	600	100	∟40×40×4/Φ12
1.24	1.69	1.24	1.82	1.24	1.95	600	150	∟40×40×4/Φ12
1.24	1.69	1.24	1.82	1.24	1.95	600	200	∟40×40×4/Φ12
2.49	4.62	2.49	4.97	2.49	4.62	800	100	∟50×50×5/∟40×40×4
2.49	4.62	2.49	4.97	2.49	4.62	800	150	∟50×50×5/∟40×40×4
2.49	4.62	2.49	4.97	2.49	4.62	800	200	∟50×50×5/∟40×40×4
3.04	4.62	3.04	4.97	3.04	4.62	1 000	100	∟50×50×5/∟40×40×4
3.04	4.62	3.04	4.97	3.04	4.62	1 000	150	∟50×50×5/∟40×40×4
3.04	4.62	3.04	4.97	3.04	4.62	1 000	200	∟50×50×5/∟40×40×4
3.59	4.62	3.59	4.97	3.59	4.62	1 200	100	∟50×50×5/∟40×40×4
3.95	4.62	3.95	4.97	3.95	4.62	1 200	150	∟50×50×5/∟40×40×4
3.95	4.62	3.95	4.97	3.95	4.62	1 200	200	∟50×50×5/∟40×40×4

表 11-5　电缆桥架 / 支架 / 吊架重量表（四）

电缆桥架 / 支架 / 吊架重量						桥架规格		支架 / 吊杆
桥架长度 1 600/mm		桥架长度 1 800/mm		桥架长度 2 000/mm		宽 /mm	高 /mm	
支架	吊杆	支架	吊杆	支架	吊杆			
0.36	1.45	0.36	1.63	0.36	1.81	100	50	∟40×40×4/Φ10
0.36	1.45	0.36	1.63	0.36	1.81	100	100	∟40×40×4/Φ10
0.44	1.45	0.44	1.63	0.44	1.81	150	100	∟40×40×4/Φ10
0.53	1.45	0.53	1.63	0.53	1.81	200	100	∟40×40×4/Φ10
0.65	2.08	0.65	2.34	0.65	2.6	300	100	∟40×40×4/Φ12
0.71	2.08	0.71	2.34	0.71	2.6	300	150	∟40×40×4/Φ12
0.81	2.08	0.81	2.34	0.81	2.6	400	100	∟40×40×4/Φ12
0.89	2.08	0.89	2.34	0.89	2.6	400	150	∟40×40×4/Φ12
0.89	2.08	0.89	2.34	0.89	2.6	400	200	∟40×40×4/Φ12
0.89	2.08	0.89	2.34	0.89	2.6	500	100	∟40×40×4/Φ12
1.24	2.08	1.24	2.34	1.24	2.6	600	100	∟40×40×4/Φ12
1.24	2.08	1.24	2.34	1.24	2.6	600	150	∟40×40×4/Φ12
1.24	2.08	1.24	2.34	1.24	2.6	600	200	∟40×40×4/Φ12
2.49	5.68	2.49	6.39	2.49	7.1	800	100	∟50×50×5/∟40×40×4
2.49	5.68	2.49	6.39	2.49	7.1	800	150	∟50×50×5/∟40×40×4
2.49	5.68	2.49	6.39	2.49	7.1	800	200	∟50×50×5/∟40×40×4
3.04	5.68	3.04	6.39	3.04	7.1	1 000	100	∟50×50×5/∟40×40×4
3.04	5.68	3.04	6.39	3.04	7.1	1 000	150	∟50×50×5/∟40×40×4
3.04	5.68	3.04	6.39	3.04	7.1	1 000	200	∟50×50×5/∟40×40×4
3.59	5.68	3.59	6.39	3.59	7.1	1 200	100	∟50×50×5/∟40×40×4
3.95	5.68	3.95	6.39	3.95	7.1	1 200	150	∟50×50×5/∟40×40×4
3.95	5.68	3.95	6.39	3.95	7.1	1 200	200	∟50×50×5/∟40×40×4

第12章 隧道机电安装

一般地，地下隧道开挖采用盾构机械设备进行掘进开挖，盾构机按照开挖面与作业室之间的隔板构造可分为全敞开式、半敞开式、闭胸式三种，全敞开式又可分为手掘式、半机械式、机械式，其中半敞开式包括挤压式。另外，闭胸式包括泥水式、土压式两种，土压式又可分为土压平衡式和加泥式土压平衡，本次介绍的盾构机组库及部件主要是土压平衡式和泥水盾构机两类。其中盾构的选型可根据地层渗透系数（渗透系数以 10×10^{-4} 和 10×10^{-7} m/s 两个参数为界区分使用泥水盾构和土压盾构，详细可参照《盾构隧道施工手册，人民交通出版社 2005 年 6 月出版》）、粒度分布（黏土、淤泥、沙质、砾石、卵石等不同地层粒度分布）、水压、刀盘动力/扭矩、项目工区整体耗电量、对添加剂的需求、出渣方式、掘进速度、土仓压力计算等参数进行选型。

（1）在对工程地质、水文地质条件、周围环境、工期要求、经济性等充分研究的基础上选定盾构的类型。

（2）根据地层的渗透系数、颗粒级配、地下水压、环保、辅助施工方法、施工环境、安全等因素对土压平衡盾构和泥水盾构进行比选。

（3）根据详细的地质勘察资料，对盾构各主要功能部件进行选择和设计（如刀盘驱动形式，刀盘结构形式、开口率，刀具种类与配置，螺旋输送机的形式与尺寸，破碎机的布置与形式，送泥管的直径等），并根据地质条件等确定盾构的主要技术参数。

12.1 盾构机模型图例及计算选型出图

盾构机设备及部件 3D 模型如表 12-1 所列。

可按照带式输送机的计算方法对盾构机输送设备的输送能力、托辊和滚筒的设计选型、张紧力的计算、输送带选型等重要设计环节进行校核，如图 12-1 所示，参照《DTII（A）型带式输送机设计手册》和《GB/T 10595—2017 带式输送机》等资料计算校核，结果满足设计要求后再选择相应的构件模型组建设备模型，同时根据模型对应的加工图直接下派工料单进行部件加工，加工后再进行成套设备整机组装，整套智能建造流程实施后重型装备组装的效率可提高 20%~25%。BIM 模型搭建完后即按照装配关系进行出图，如图 12-2 所示。

表 12-1 盾构机设备及部件 3D 模型

设备名称	设备图例	设备名称	设备图例
盾构机 盾构机.rfa 		盾构机 – 刀盘 盾构机刀盘装配体.rfa 刀盘.rfa	
盾构机 – 盾头 盾构机总装配体.rfa 		盾构刀齿 边缘齿刀.rfa 正面齿刀.rfa 小齿.rfa 	

续表

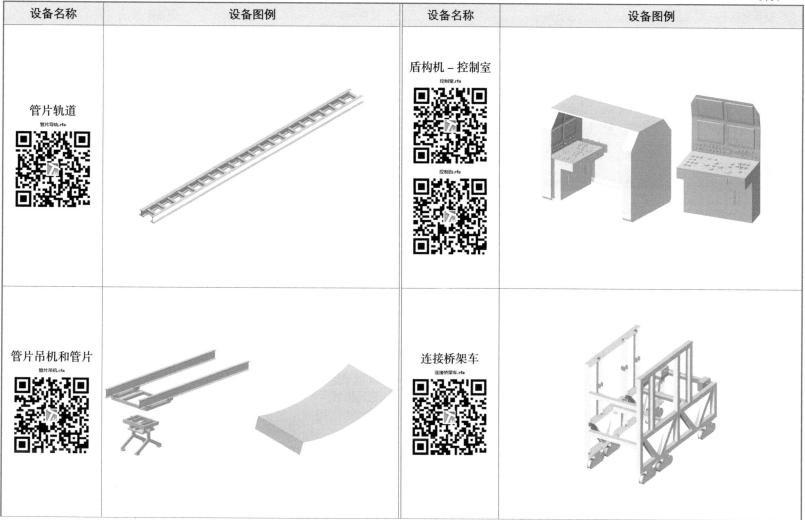

设备名称	设备图例	设备名称	设备图例
管片轨道 管片导轨.rfa		盾构机－控制室 控制室.rfa 控制台.rfa	
管片吊机和管片 管片吊机.rfa		连接桥架车 连接桥架车.rfa	

续表

设备名称	设备图例	设备名称	设备图例
电缆卷盘和卷盘支撑架 卷盘.rfa 支撑架.rfa		带式输送机 皮带传输机.rfa	
螺旋输送机和螺杆 螺旋输送机.rfa 螺杆.rfa		渣土皮带机—承载托辊组、下V托辊组、I型托辊组、回程I型托辊组	

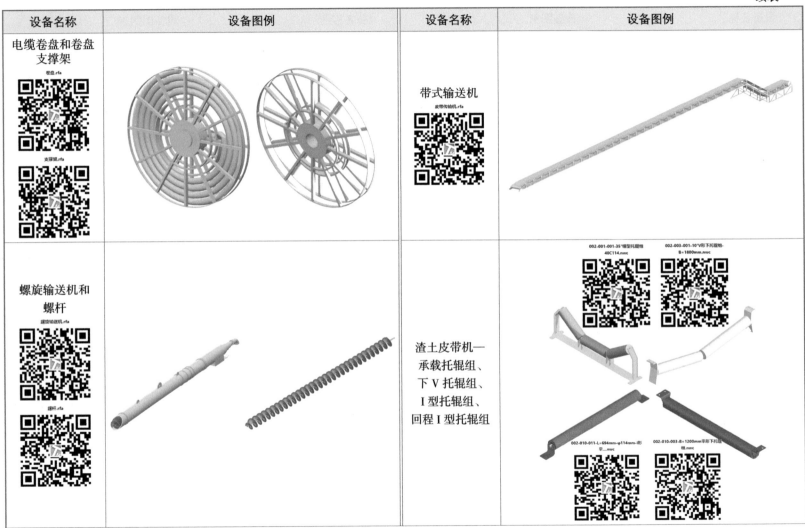

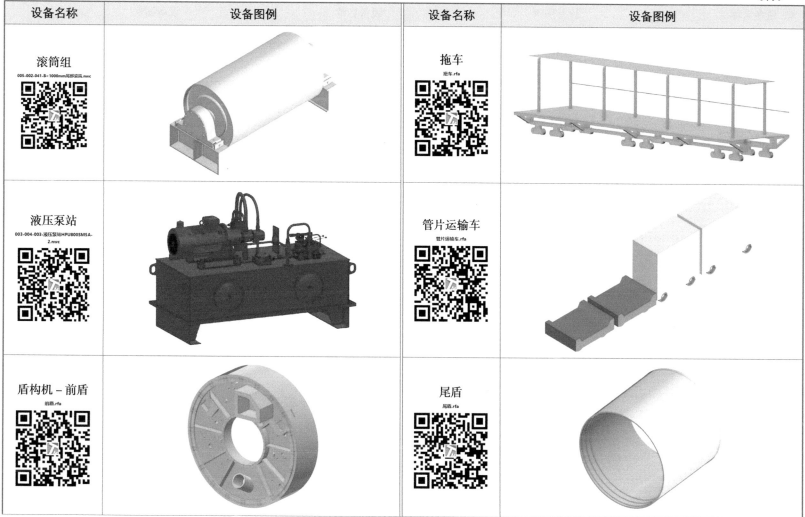

设备名称	设备图例	设备名称	设备图例
滚筒组 005-002-041-B=1000mm尾部滚筒.nwc		拖车 拖车.rfa	
液压泵站 003-004-003-液压泵站HPU800SM5A-2.nwc		管片运输车 管片运输车.rfa	
盾构机－前盾 前盾.rfa		尾盾 尾盾.rfa	

续表

设备名称	设备图例	设备名称	设备图例
管片小车 小车1.rfa	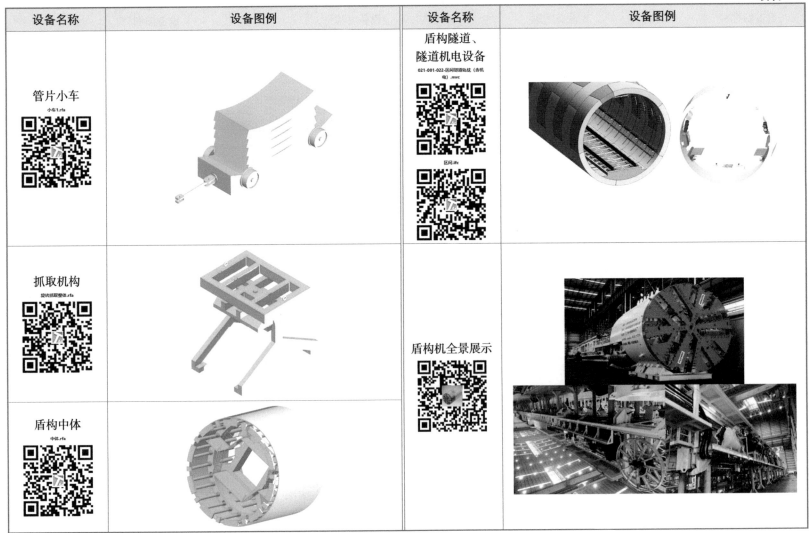	盾构隧道、 隧道机电设备 021-001-022-区间隧道轨统（含机电）.nwc 区间.ifc	
抓取机构 旋转抓取整体.rfa		盾构机全景展示	
盾构中体 中体.rfa			

在渣土运输皮带机的物料输送过程中，考虑皮带机运输散物料是否产生物料偏载或者洒料的情况，可以按照散体力学计算进行数值仿真模拟，如图 12-3 所示。

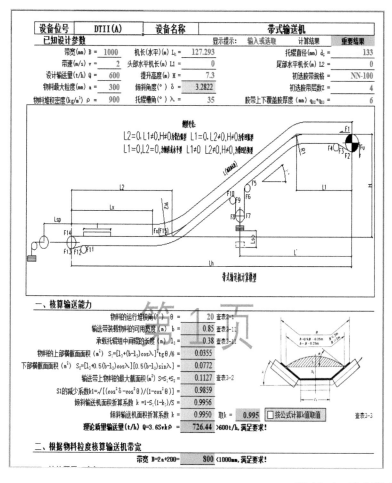

序号	符号	说　明	单位
1	a_o	输送机承载分支的托辊间距	m
2	a_u	输送机回程分支的托辊间距	m
3	A	输送带和清扫器间的接触面积	m²
4	b	输送带装载物料的宽度（实际填充物料或承载物的宽度）即有效带宽	m
5	b_1	导料拦板间的宽度	m
6	B	输送带宽度	m
7	C	系数（附加阻力）	-
8	C_z	槽形系数	-
9	d	输送带厚度	m
10	d_o	轴承内径	m
11	D	滚筒直径	m
12	e	自然对数的底	-
13	f	模拟摩擦系数	-
14	F	滚筒上输送带平均张力	N
15	F_1	滚筒上输送带紧边张力	N
16	F_2	滚筒上输送带松边张力	N
17	F_H	主要阻力	N
18	F_{max}	输送带最大张力	N
19	F_{min}	输送带最小张力	N
20	F_N	附加阻力	N
21	F_S	特种阻力	N
22	F_{S1}	主要特种阻力	N
23	F_{S2}	附加特种阻力	N
24	F_{St}	倾斜阻力	N
25	F_y	作用在滚筒上两边输送带张力和滚筒转动部分质量引起的力的矢量之和	N
26	F_U	传动滚筒上所需圆周驱动力	N
27	g	重力加速度	m/s²
28	$(h/a)_{adm}$	在托辊之间允许的输送带垂度	-
29	H	输送机卸料段和装料段间的高差	m
30	I_v	输送能力	m³/s
31	I_m	输送能力	kg/s
32	k	倾料系数	-
33	k_a	犁式卸料器或清扫器刮板阻力系数	N/m
34	l	导料挡板的长度	m
35	l_3	中间辊长度（槽形三辊式）	m
36	l_b	加速段长度	m
37	L	输送机长度（头尾滚筒中心距）	m

图 12-1　渣土带式输送机计算和选型

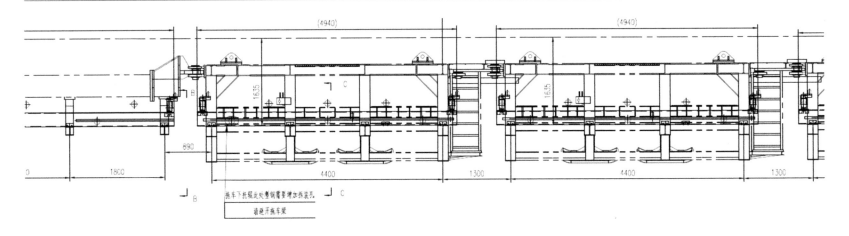

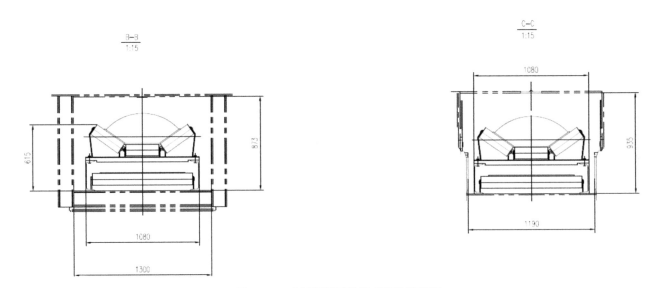

图 12-2 土压平衡盾构机成套设计出图

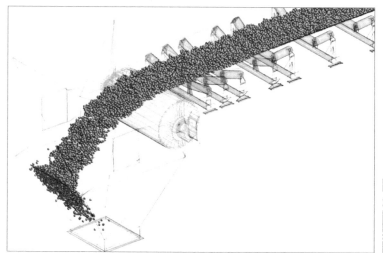

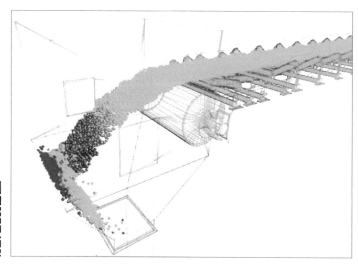

图 12-3　渣土带式输送机散物料输送数值仿真计算

12.2　电力机车模型图例

地铁常用的 A 型车和 B 型车建模时可参考《地铁设计规范 GB 50157—2013》第 16~17 页中的表 4.1.5。电力机车模型图例如表 12-2 列。

表 12-2　电力机车模型图例

设备名称	设备图例	设备名称	设备图例
电力机车 -1 列车车头2.FBX		电力机车 -3 地铁车辆.skp	
电力机车 -2 地铁B型车6辆编组.rfa		电力机车 -4 CL_电客车.nwc	

12.3　架线车、检修车模型图例

接触网架线车和检修车图例如表 12-3 所列。

表 12-3　架线车、检修车模型图例

设备名称	设备图例	设备名称	设备图例
架线车 架线车.rfa		车辆段维修平台 车辆段维修平台.rfa	
检修车 检修车1.rfa		司机室 列车司机室.rfa	
火车渣土车厢 021-001-001-运输火车车厢.rfa		空气压缩机1.rfa	

12.4　转向架模型图例

地铁车辆转向模型架图例如表 12-4 所列。

表 12-4　转向架模型图例

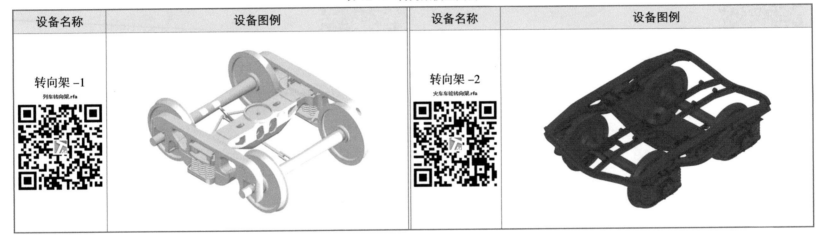

设备名称	设备图例	设备名称	设备图例
转向架 -1 列车转向架.rfa		转向架 -2 火车车轮转向架.rfa	

12.5　列车牵引杆（车钩）

列车车厢之间连接的牵引杆（车钩）图例如表 12-5 所列。

12.6　受电弓模型图例

地铁机车顶上的受电弓模型图例如表 12-6 所列。

表 12-5　列车牵引杆（车钩）

设备名称	设备图例
牵引杆 半永久牵引杆.rfa	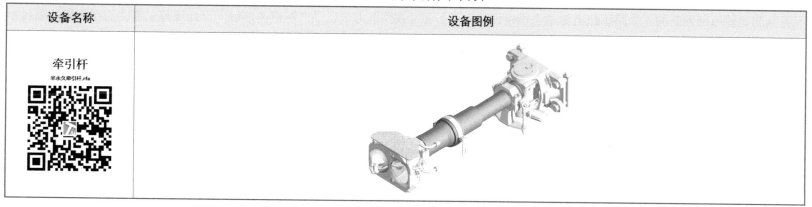

表 12-6　受电弓模型图例

设备名称	设备图例	设备名称	设备图例
受电弓 – 升弓 受电弓.rfa 受电弓升弓1400mm.rfa		受电弓 – 降弓 受电弓降弓1400mm.rfa	

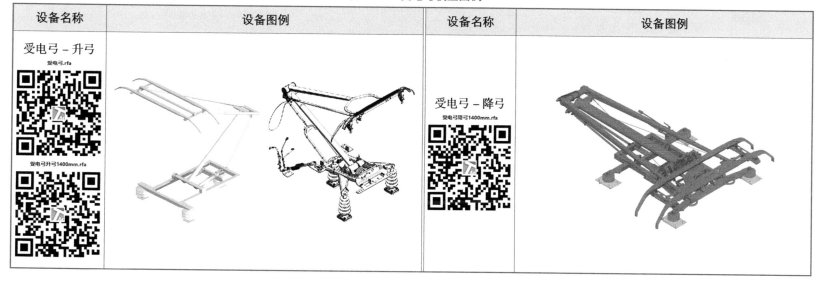

接触网腕臂、钢柱、接触网结构形式等在设计时可依据中华人民共和国铁道部发布的现行《铁路电力牵引供电设计规范》，中华人民共和国铁道部发布的《铁路枢纽电力牵引供电设计规范》和《铁路电力牵引供电隧道内接触网设计规范》等，而在具体的项目中计算接触网专业构件所受张力或者扭矩时，也可采用有限元计算进行数值仿真模拟，如图12-4所示。

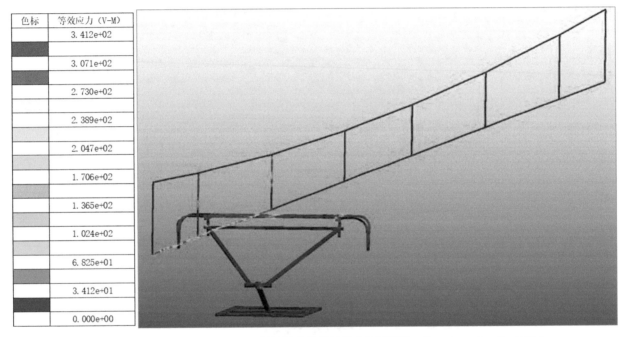

色标	等效应力（V-M）
	3.412e+02
	3.071e+02
	2.730e+02
	2.389e+02
	2.047e+02
	1.706e+02
	1.365e+02
	1.024e+02
	6.825e+01
	3.412e+01
	0.000e+00

图 12-4　弓网接触力仿真计算（观看密码：Smartconstruction520）

12.7　接触网腕臂模型图例

接触网模型可根据施工范围按照接触网零件和构件搭建成一个完整的BIM模型，搭建效果如图12-5所示，接触网专业腕臂和简统化腕臂立柱模型如表12-7所列。

图 12-5　接触网专业 BIM 模型

表 12-7　接触网腕臂、简统化腕臂立柱模型图例

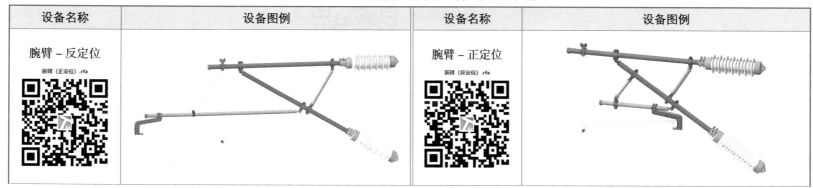

设备名称	设备图例	设备名称	设备图例
腕臂 – 反定位 腕臂（正定位）.rfa		腕臂 – 正定位 腕臂（反定位）.rfa	

续表

设备名称	设备图例	设备名称	设备图例
腕臂 接触网腕臂.rfa		简统化铝腕臂支撑 装置 （组合式－正定位）	
简统化钢腕臂支撑 装置 （组合式－正定位）		腕臂支柱 接触网立柱.rfa	
简统化钢腕臂支撑 装置 （非组合式－正定位）			

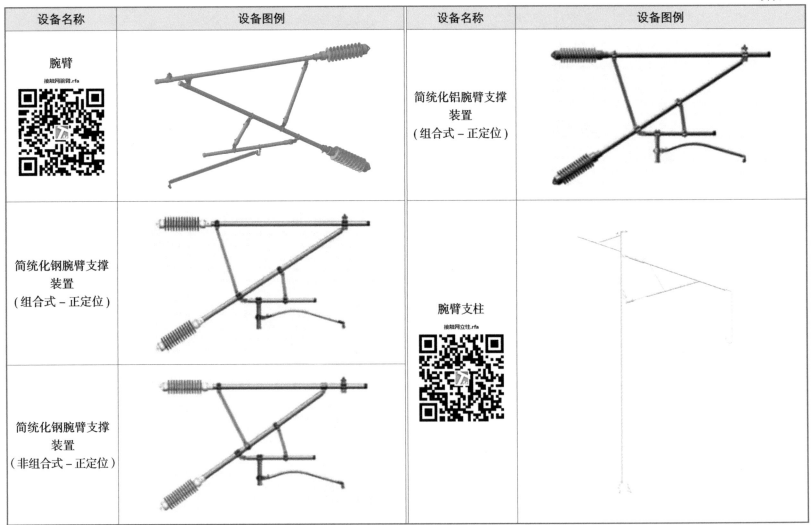

12.8　接触网专业模型色标

接触网专业模型色标如表 12-8 列。

表 12-8　接触网专业模型色标

序号	名称	颜色（R, G, B）	序号	名称	颜色（R, G, B）
1	基础	169, 169, 169	17	软横跨	220, 220, 220
2	立柱	192, 192, 192	18	隔离开关	247, 238, 214
3	吊柱	192, 192, 192	19	避雷器	240, 244, 255
4	锚栓	220, 220, 220	20	绝缘器	191, 42, 42
5	接触线	191, 173, 111	21	架空电线	191, 173, 111
6	承力索	220, 220, 220	22	避雷线	194, 173, 111
7	附加导线	194, 173, 111	23	接地	194, 173, 111
8	柔性悬挂	194, 173, 111	24	阻隔开关	247, 238, 214
9	腕臂	220, 220, 220	25	标识牌	255, 255, 0
10	下锚	220, 220, 220	26	刚性悬挂	220, 220, 220
11	支撑	220, 220, 220	27	接触悬挂	220, 220, 220
12	绝缘子	191, 42, 42	28	软横跨	220, 220, 220
13	锚结	220, 220, 220	29	电连接	220, 220, 220
14	吊索	220, 220, 220	30	腕臂	220, 220, 220
15	吊弦	220, 220, 220	31	棘轮	192, 192, 192
16	硬横跨	220, 220, 220	32	电缆	0, 0, 0

12.9 接触网专业设备族文件信息代码和存储结构

接触网专业设备族文件信息代码和存储结构可分为：一级编码—专业、二级编码—构件、三级编码—构件，利用三级编码码段来确定接触网专业设备模型信息的编码结构如表 12-9 所列，刚性接触网系统和柔性接触网系统如图 12-6 所示，道桥接触网系统如图 12-7 所示。

表 12-9　接触网专业文件存储结构

一级编码—专业	二级编码—构件	三级编码—构件
接触网专业	基础及预埋件	路基区段
		桥梁区段
		隧道区段
	支柱及拉线	支柱
		隧道吊柱
		硬横跨及吊柱
		拉线
	导线	接触线
		承力索
		附加导线
		电缆敷设
	接触悬挂	柔性悬挂
		刚性悬挂
		电连接、吊弦及弹性吊索安装
		防护安装
		标识牌
		接触悬挂

区间—左线.nwd

图 12-6　刚性接触网系统和柔性接触网系统

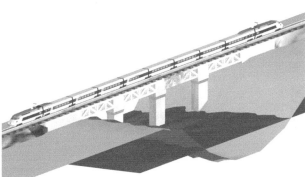

高铁列车＋铁路桥.skp

图 12-7　道桥接触网系统

12.10 接触网主要零部件模型

12.10.1 铝合金腕臂支撑装置

接触网铝合金腕臂支撑装置图例如表 12–10 所列。

表 12–10 铝合金腕臂支撑装置图例

序号	构件名称	图例	序号	构件名称	图例
1	70 管帽 70管帽.rfa 		3	铝合金套管单耳 铝合金套管单耳-1.rfa 	
2	铝合金承力索座 铝合金承力索座-1.rfa 		4	铝合金套管座 铝合金套管座-1.rfa 	

序号	构件名称	图例	序号	构件名称	图例
5	铝合金支撑管 铝合金支撑管.rfa 		6	平腕臂 平腕臂.rfa 	
			7	斜腕臂 斜腕臂.rfa 	

12.10.2　三角钢腕臂支撑装置

接触网专业三角钢腕臂支撑装置如表 12-11 所列。

表 12-11　接触网三角钢腕臂支撑装置图例表

序号	构件名称	图例	序号	构件名称	图例
1	G48 支撑管 铝合金支撑管.rfa 		4	反定位斜腕臂 反定位斜腕臂.rfa 	
2	单槽承力索座 单槽承力索座.rfa 		5	套管双耳 支撑管卡子-48.rfa 	
3	反定位平腕臂 反定位平腕臂.rfa 		6	正定位平腕臂 正定位平腕臂.rfa 	

续表

序号	构件名称	图例	序号	构件名称	图例
7	正定位斜腕臂 正定位斜腕臂.rfa		9	支撑管卡子 –60 支撑管卡子-60.rfa	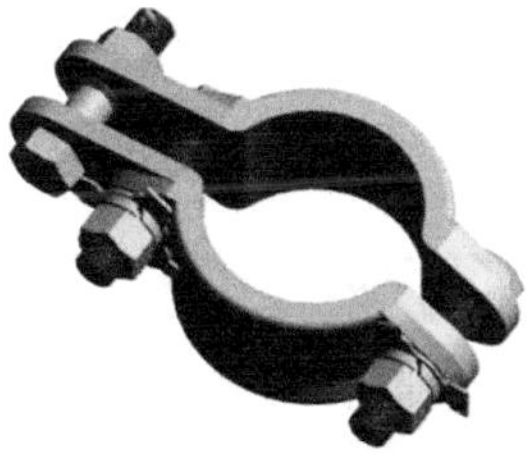
8	支撑管卡子 –48 支撑管卡子-48.rfa		10	螺母M20.SLDPRT	

12.10.3　铝合金定位装置

接触网专业铝合金定位装置如表 12–12 所列。

表 12–12　接触网专业铝合金定位装置

序号	构件名称	图例	序号	构件名称	图例
1	55 管帽 55管帽.rfa		2	55 型套管单耳 55型套管单耳.rfa	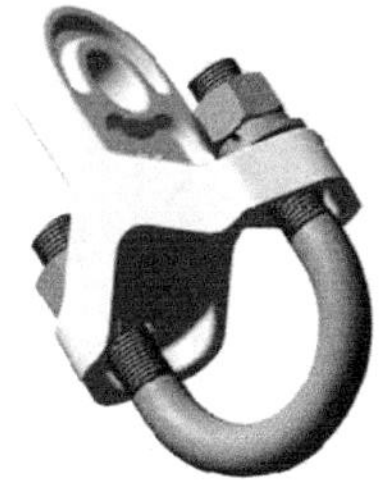

序号	构件名称	图例	序号	构件名称	图例
3	电气连接跳线 电气连接跳线.rfa 		6	定位支座 定位支座.rfa 	
4	定位管斜拉线 定位管斜拉线.dwg 		7	防风拉线 防风拉线.rfa 	
5	定位线夹 定位线夹.rfa 		8	防风拉线定位环 防风拉线定位环.rfa 	

续表

序号	构件名称	图例	序号	构件名称	图例
9	矩形限位定位器 矩形限位定位器.rfa		12	铝合金定位环 铝合金定位环.rfa	
10	拉线定位钩 拉线定位钩.rfa		13	铝合金支撑管 铝合金支撑管.rfa	
11	铝合金定位管 铝合金定位管.rfa		14	锚支定位卡子 锚支定位卡子.rfa	

序号	构件名称	图例	序号	构件名称	图例
15	特型定位器 特型定位器.rfa		16	螺母M20.SLDPRT	

12.10.4 钢腕臂支撑装置

接触网钢腕臂支撑装置如表 12-13 所列。

表 12-13 钢腕臂支撑装置

序号	构件名称	图例	序号	构件名称	图例
1	单槽承力索座 单槽承力索座.rfa		2	双槽承力索座 双槽承力索座.rfa	

12.10.5 腕臂底座

接触网专业腕臂底座图例如表 12-14 所列。

表 12-14 腕臂底座图例

序号	构件名称	图例	序号	构件名称	图例
1	H 型钢柱单腕臂底座 H型钢柱单腕臂底座.rfa 		4	Φ350 圆杆双腕臂底座框架 A——JL68YPJ-A Φ350圆杆双腕臂底座框架A--JL68YPJ-A.rfa 	
2	H 型钢柱单腕臂可调底座 H型钢柱单腕臂可调底座.rfa 		5	等径圆柱单腕臂底座 等径圆柱单腕臂底座.rfa 	
3	H 型钢柱双腕臂底座框架 04 H型钢柱双腕臂底座框架04.rfa 		6	排架吊柱单腕臂底座装配 排架吊柱单腕臂底座装配.rfa 	

序号	构件名称	图例	序号	构件名称	图例
7	硬横梁吊柱可调底座 硬横梁吊柱可调底座.rfa		8	圆柱单腕臂预留孔底座 圆柱单腕臂预留孔底座.rfa	

12.10.6 终端锚固线夹

接触网专业终端锚固线夹如表 12-15 所列。

表 12-15 终端锚固线夹

序号	构件名称	图例	序号	构件名称	图例
1	120 型接触线终端锚固线夹 120型接触线终端锚固线夹.rfa		2	150 型接触线终端锚固线夹 150型接触线终端锚固线夹.rfa	

序号	构件名称	图例	序号	构件名称	图例
3	承力索终端锚固线夹 承力索终端锚固线夹装配.rfa 		4	螺母M20.SLDPRT 	

12.10.7　弹性定位装置

接触网专业弹性定位装置如表 12–16 所列。

表 12–16　弹性定位装置

序号	构件名称	图例	序号	构件名称	图例
1	定位支座　带焊缝 定位支座 带焊缝.rfa 		3	合页定位环 合页定位环.rfa 	
2	反定位管 反定位管.rfa 		4	锚支定位卡子（铝合金） 锚支定位卡子.rfa 	

续表

序号	构件名称	图例	序号	构件名称	图例
5	正定位管 正定位管.rfa		6	螺母M20.SLDPRT	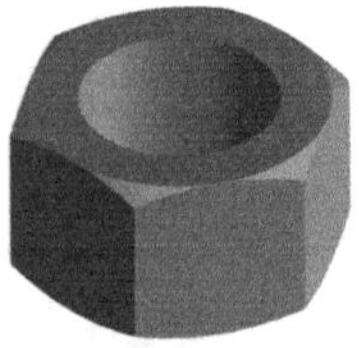

12.10.8 中心锚结装置

接触网专业中心锚结装置如表 12-17 所列。

表 12-17 中心锚结装置

序号	构件名称	图例	序号	构件名称	图例
1	承力索中心锚接线夹 承力索中心锚接线夹.rfa		2	接触线中心锚接线夹 接触线中心锚接线夹.rfa	

12.10.9 矩形定位装置

接触网专业矩形定位装置如表 12-18 所列。

表 12-18　矩形定位装置图例

序号	构件名称	图例	序号	构件名称	图例
1	定位环 60 定位环60.rfa 		5	防风拉线定位环装配体 防风拉线定位环装配体.rfa 	
2	定位线夹装配体 定位线夹.rfa 		6	矩形限位定位器装配体 矩形限位定位器装配体.rfa 	
3	定位支座装配体 定位支座.rfa 		7	锚支定位卡子（铝合金） 锚支定位卡子.rfa 	
4	反定位管 反定位管.rfa 		8	正定位管 正定位管.rfa 	

12.10.10　整体吊弦

接触网专业整体吊弦如表 12-19 所列。

表 12-19　吊弦图例

序号	构件名称	图例	序号	构件名称	图例
1	120 承力索 120承力索.rfa 		4	GH240A 型钢柱 GHT240B型钢柱.rfa 	
2	150 接触线 150接触线.rfa 		5	GHT240（H 型钢柱中间柱） GHT240B型钢柱.rfa 	
3	BJ500 棘轮装配 BJ500装配.rfa 		6	GHT240B 型钢柱 GHT240B型钢柱.rfa 	

序号	构件名称	图例	序号	构件名称	图例
7	H 型钢 + 底板（T240） H型钢＋底板(T240).rfa		11	承力索接头线夹 承力索接头线夹-1.rfa	
8	H 型钢 + 底板 H型钢＋底板(T240).rfa		12	弹性吊索 弹性吊索.dwg	
9	H 型钢柱（下锚柱） H型钢＋底板(T240).rfa		13	弹性吊索线夹 弹性吊索线夹.dwg	
10	承力索电连接线夹 承力索电连接线夹.rfa		14	吊柱 吊柱.rfa	

续表

序号	构件名称	图例	序号	构件名称	图例
15	吊柱本体 吊柱本体.rfa		18	筋板 1 筋板1.rfa	
16	接触线电连接线夹 接触线电连接线夹.rfa		19	筋板 2 筋板2.rfa	
17	接触线接头线夹 接触线接头线夹.dwg		20	筋板 3 筋板3.rfa	

序号	构件名称	图例	序号	构件名称	图例
21	肋板 1 立柱肋板.rfa		24	肋板 2B 肋板2B.rfa	
22	肋板 1B 肋板1B.rfa		25	线岔 线岔.rfa	
23	肋板 2 肋板2B.rfa		26	整体吊弦 整体吊弦.dwg	

12.10.11　终端锚固线夹

接触网专业终端锚固线夹图例如表 12-20 所列。

表 12-20　终端锚固线夹

序号	构件名称	图例	序号	构件名称	图例
1	终端锚固线夹 120型接触线终端锚固线夹.rfa 		3	终端锚固线夹（钢） 承力索终端锚固线夹装配.rfa 	
2	接触线终端锚固线夹（铜） 接触线终端锚固线夹（铜）.rfa 			球母M20.SLDPRT 	

12.10.12　中心锚结装置

接触网专业中心锚结装置如表 12-21 所列。

表 12-21　中心锚结装置

序号	构件名称	图例	序号	构件名称	图例
1	承力索中心锚结线夹 承力索中心锚接线夹.rfa		2	接触线中心锚结线夹 接触线中心锚接线夹.dwg	

12.10.13　弹性吊索装置

接触网专业弹性吊索装置如表 12-22 所列。

表 12-22　弹性吊索装置

序号	构件名称	图例	序号	构件名称	图例
1	弹性吊索 弹性吊索.dwg	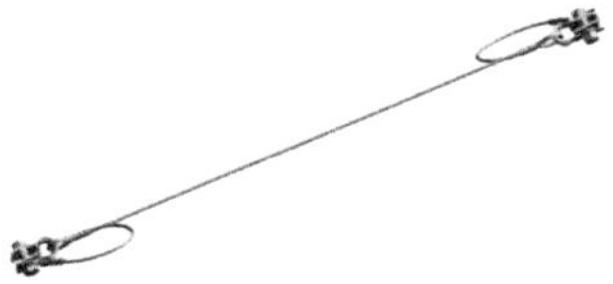	2	弹性吊索线夹 弹性吊索线夹.dwg	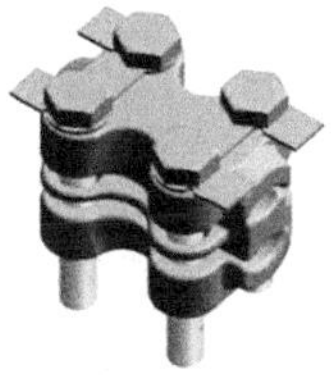

12.10.14　线岔

接触网专业线岔图例如表 12-23 所列。

表 12-23　接触网专业线岔

序号	构件名称	图例
1	线岔 线岔.dwg 	

12.10.15　电连接装置

接触网专业电连接装置图例如表 12-24 所列。

表 12-24　电连接装置

序号	构件名称	图例	序号	构件名称	图例
1	承力索电连接线夹 承力索电连接线夹.rfa 		2	接触线电连接线夹 接触线电连接线夹.rfa 	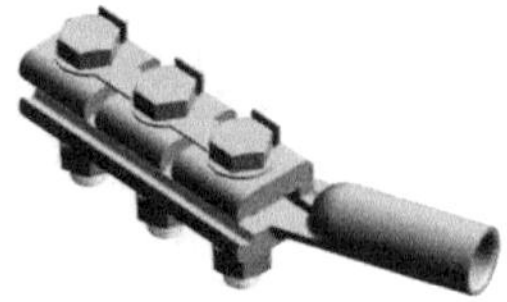

12.10.16　棘轮下锚补偿装置

接触网专业棘轮下锚补偿装置如表 12-25 所列。

表 12-25 棘轮下锚补偿装置

序号	构件名称	图例	序号	构件名称	图例
1	HD360 铁坠砣 H型钢柱坠砣限制架.rfa 		4	H 型钢柱接触线棘轮下锚底座 棘轮装配.rfa 	
2	HD 承力索坠托串 HD承力索坠托串.rfa 		5	H 型钢柱坠砣限制架 H型钢柱坠砣限制架.rfa 	
3	H 型钢柱承力索棘轮下锚底座 H型钢柱承力索棘轮下锚底座.rfa 		6	棘轮装配 棘轮装配.rfa 	

12.10.17　信号灯 a

铁路信号专业——信号灯图例如表 12-26 所列。

表 12-26 信号灯

设备名称	设备图例	设备名称	设备图例
信号灯（两色） 信号灯（两色）.rfa 		信号桥 021-001-009-跨越铁路信号桥.nwc 	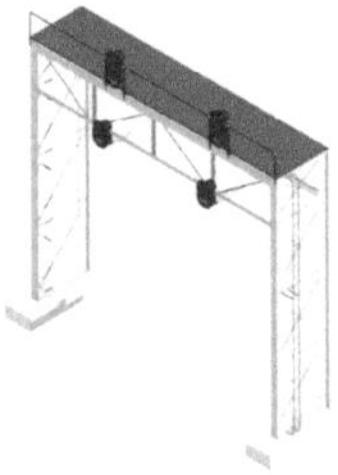
信号灯（三色） 信号灯（三色）.rfa 		信号灯 021-001-010-铁路信号灯1#， H=7.9m.nwc 	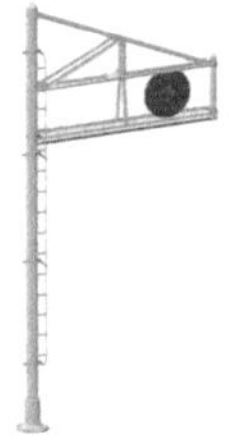

12.10.18　转辙机

信号专业—转辙机图例如表 12-27 所列。

12.10.19　架桥机

路桥专业—架桥机图例如表 12-28 所列。

12.10.20　硬横跨

接触网专业硬横跨图例如表 12-29 所列。

表 12-27 转辙机

设备名称	设备图例
转辙机 转辙机.rfa 	

表 12-28　架桥机

设备名称	设备图例
架桥机 架桥机.rfa	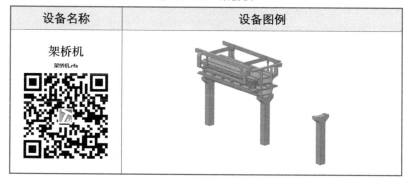

表 12-29　硬横跨

设备名称	设备图例
硬横跨 铁路硬横跨.rfa	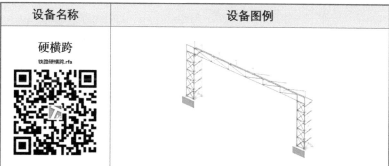

12.10.21　轨枕

道桥专业—轨枕图例如表 12-30 所列。

12.10.22　升降平台

设备维护维修专业——升降平台图例如表 12-31 所列。

表 12-30　轨枕

设备名称	设备图例
轨枕 021-001-021-轨道轨枕.nwc	

表 12-31　升降平台

设备名称	设备图例
升降平台 升降式平台.rfa	

12.10.23 变配电设备

供变电专业——变配电设备图例如表 12-32 所列。

表 12-32 变配电设备

名称	图例	名称	图例
自耦变压器 自耦变压器.rfa		配电柜 12-10KV配电柜.rfa	
整流变压器 GD_整流变压器.rfa		变压器 主变压器 (2).rfa	

续表

名称	图例	名称	图例
能馈变压器 GD_能馈变压器.rfa 		调压器V.rfa 	

第 13 章　室内通信机房布线

13.1　电缆配线 BIM 出图及配线表样图

对于地铁室内通信机房，通常需要统计电缆配线的工程量，BIM 出图及配线表样图如图 13-1 所示。

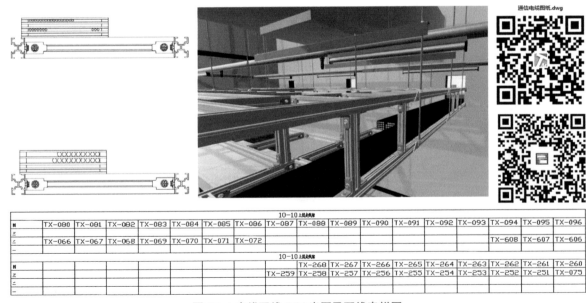

10-10 上层线架																
N	TX-080	TX-081	TX-082	TX-083	TX-084	TX-085	TX-086	TX-087	TX-088	TX-089	TX-090	TX-091	TX-092	TX-093	TX-094	TX-095	TX-096
乙	TX-066	TX-067	TX-068	TX-069	TX-070	TX-071	TX-072								TX-608	TX-607	TX-606
丙																	

10-10 上层线架																
N								TX-268	TX-267	TX-266	TX-265	TX-264	TX-263	TX-262	TX-261	TX-260
乙								TX-259	TX-258	TX-257	TX-256	TX-255	TX-254	TX-253	TX-252	TX-251	TX-075
丙																	

图 13-1 电缆配线 BIM 出图及配线表样图

13.2 柜顶线和静电地板下的电缆布设

通信机房机柜柜顶上的走线架、固线器、电缆等构件需要统计其工程量，柜顶走线布设和静电地板下的电缆布设效果如图 13-2 所示。

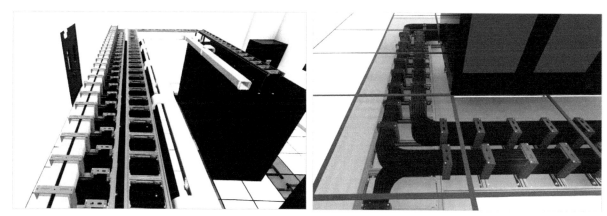

图 13-2 柜顶走线布设和静电地板下的电缆布设

13.3 通信塔架吊装重心和有限元计算

13.3.1 不同风压、风速数值查询

通常，在自然环境下通信铁塔塔架所受的载荷可分为风载荷、冰雪载荷、地震载荷等，考虑不同地区的基本风压、基本风速等参数，可按照表 13-1 进行查询。

风荷载标准值计算公式为 $w=\mu \times v^2/1\,000$，根据《建筑结构荷载规范》GB 50009—2012 中"全国地区基本风压分布图"所划分的风压等级，计算推荐我国计算选型的设计风压、风速值。计算时选用的风压值为 0.5 kN/m²。风压高度变化系数 μ 值如表 13-2 列。

表 13-1　不同风压、风速数值

基本风压 kN/m²	基本风速 m/s	一般区段	结构设计风速高填方或高架桥	一般区段	风偏设计风速高填方及高架桥
0.3	21.9	22	26	20	24
0.4	25.3	25	30	23	27
0.5	28.3	28	34	26	31
0.6	31	31	37	28	34
0.7	33.5	34	40	30	37
0.8	35.8	36	43	30	37
0.9	37.9	38	45	30	37

表 13-2　风压高度变化系数 μ 值

距离地面或海平面高度（m）	地区 A	地区 B	地区 C	地区 D
5	1.17	1	0.74	0.62
10	1.38	1	0.74	0.62
15	1.52	1.14	0.74	0.62
20	1.63	1.25	0.84	0.62
30	1.8	1.42	1	0.62
40	1.92	1.56	1.13	0.73
50	2.03	1.67	1.25	0.84

注：A 类地区指近海面、海岸、湖岸及沙漠地区。

　B 类地区指田野、乡村、丛林、丘陵以及房屋比较稀疏的乡镇和城市郊区。

　C 类地区指的有密集建筑群的城市市区。

　D 类地区指有密集建筑群且房屋比较高的城市市区。

风压计算式：$P=k \times v^2$

$P=$ 风压，N/m²，$k=$ 空气密度，可视为常数，采用 CGS 制时为 0.124。

$V=$ 风速，m/s。

风压就是垂直于气流方向的平面所受到的风压力。根据伯努利方程得出的风速和风压之间的关系为：

风的动压为：$wp=\mu \times \rho \times v^2$

其中 wp 为风压（ kN/m^2 ）， ρ 为空气密度（ kg/m^3 ）， v 为风速（ m/s ）。

上式为用风速估计风压的通用公式。应当指出的是，空气重度和重力加速度随纬度和海拔高度而变。一般来说， ρ 在高原上要比在平原地区小，也就是说，同样的风速在相同的温度下，其产生的风压值在高原上比在平原地区小。

13.3.2 许用应力和安全系数

$S=\sigma_b/\sigma_a$

σ_b：材料的标准应力（强度极限，如抗拉强度）。

σ_a：许用应力。

S：安全系数。

为了防止材料失效破坏，从安全方面考虑，材料在实际使用时，将处在弹性极限以下材料不被破坏的最大应力称为许用应力。材料的标准强度（标准应力）与许用应力的比值称为安全系数，安全系数的值越大，安全性越高，钢铁许用应力及安全系数如表 13–3 及表 13–4 所列。

表 13–3 钢铁的许用应力 / （ N/mm^2 ）

载荷		低碳钢	中碳钢	铸钢	铸铁
拉伸	a	90~150	120~180	60~120	30
	b	60~100	80~120	40~80	20
	c	30~50	40~60	20~40	10
压缩	a	90~150	120~180	90~150	90
	b	60~100	80~120	60~100	60
弯曲	a	90~150	120~180	75~120	—
	b	60~100	80~120	50~80	—
	c	30~50	40~60	25~40	—
剪切	a	72~120	96~144	48~96	30
	b	48~80	64~96	32~64	20
	c	24~40	32~48	I6~32	10
扭转	a	60~120	90~144	48~96	—
	b	40~80	60~96	32~64	—
	c	20~40	30~48	16~32	—

注：载荷栏中，a、b、c 分别指静载荷、动载荷和循环载荷。

表 13–4 安全系数

材料 \ 安全系数	静载荷	动载荷 循环载荷	动载荷 交变载荷	变化载荷或冲击载荷
铸铁	4	6	10	15
低碳钢	3	5	8	12
铸钢	3	5	8	15
木材	7	10	15	20
砖、石材	20	30	—	—

工况条件：在标准状况下，空气密度约为 ρ=1.29 kg/m³；塔高 H=25 m。

按照不同地区和不同高度的 μ 值表，塔架所在区域为 B 类地区，因此风压计算分 5 段高度进行计算：

（1）H=0~5 m，μ=1，风速按 v=22（m/s）计算。

$$w_p=1 \times 1.29 \times 22^2=624.36（Pa）$$

（2）H=5~10 m，μ=1，风速按 v=22（m/s）计算。

$$w_p=1 \times 1.29 \times 22^2=624.36（Pa）$$

（3）H=10~15 m，μ=1.14，风速按 v=22（m/s）计算。

$$w_p=1.14 \times 1.29 \times 22^2=711.77（Pa）$$

（4）H=15~20 m，μ=1.25

$$w_p=1.25 \times 1.29 \times 22^2=780.45（Pa）$$

（5）H=20~25 m，μ=1.42

$$w_p=1.25 \times 1.42 \times 22^2=859.1（Pa）$$

通信塔架选用 10# 和 5# 角钢进行铆接拼装，型钢截面尺寸可直接从材料库中直接选择，如图 13-3 安装时先分段预组装，再分体吊装的方案进行安装，分体模块模型采用 Bonded 的方式进行绑定，可使计算时近似于焊接和铆接水平。

等分边界的网格画法效果如图 13-4 所示，划分网格单元数量为 13 612个，节点数量为 27 145 个。

13.3.3 工程算例——通信塔架吊装重心计算和载荷施加

计算时可将塔架的重量、重心等参数计算得出，同时将外部荷载施加在塔架的侧面上，并考虑 1.5 g 的地震加速度，如图 13-5 所示。

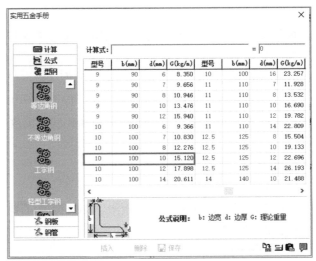

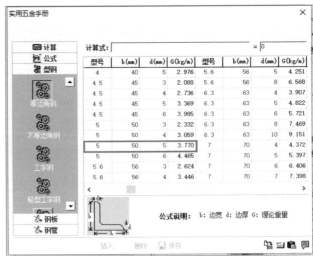

图 13-3 计算时采用型钢截面尺寸

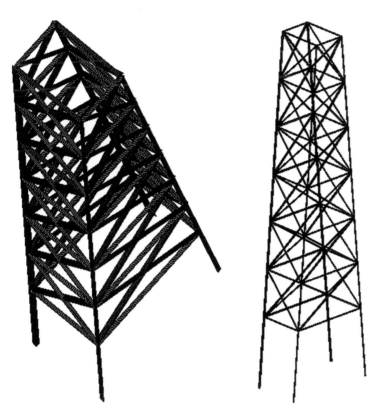

Display	
Display Style	Body Color
Defaults	
Physics Preference	Mechanical
☐ Relevance	0
Element Order	Program Controlled
Sizing	
Quality	
Check Mesh Qual...	Yes, Errors
Error Limits	Standard Mechanical
☐ Target Quality	Default (0.050000)
Smoothing	Medium
Mesh Metric	None
Inflation	
Advanced	
Statistics	
☐ Nodes	19965
☐ Elements	10022

图 13-4　划分网格效果

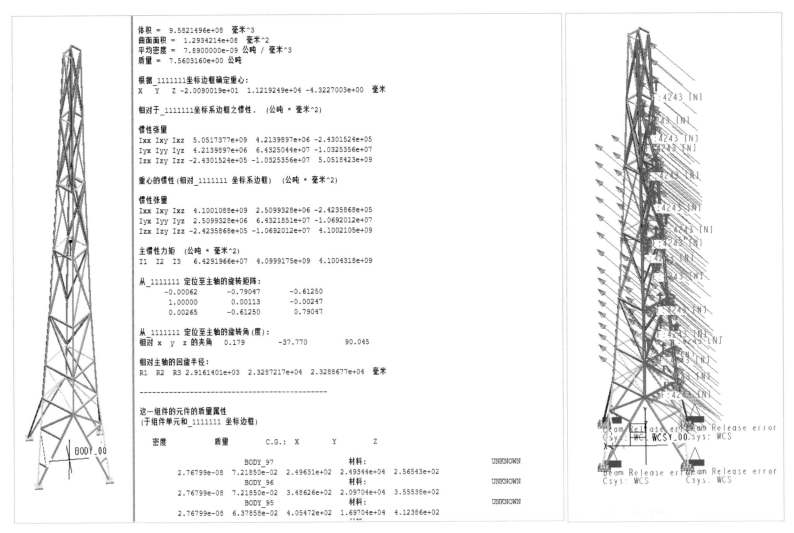

```
体积 = 9.5821496e+08  毫米^3
曲面面积 = 1.2934214e+08  毫米^2
平均密度 = 7.8900000e-09 公吨 / 毫米^3
质量 = 7.5603160e+00 公吨

根据_1111111坐标边框确定重心:
X   Y   Z -2.0090019e+01  1.1219249e+04 -4.3227003e+00   毫米

相对于_1111111坐标系边框之惯性.  (公吨 * 毫米^2)

惯性张量
Ixx Ixy Ixz  5.0517377e+09  4.2139897e+06 -2.4301524e+05
Iyx Iyy Iyz  4.2139897e+06  6.4325044e+07 -1.0325356e+07
Izx Izy Izz -2.4301524e+05 -1.0325356e+07  5.0518423e+09

重心的惯性(相对_1111111 坐标系边框)  (公吨 * 毫米^2)

惯性张量
Ixx Ixy Ixz  4.1001088e+09  2.5099328e+06 -2.4235868e+05
Iyx Iyy Iyz  2.5099328e+06  6.4321851e+07 -1.0692012e+07
Izx Izy Izz -2.4235868e+05 -1.0692012e+07  4.1002105e+09

主惯性力矩  (公吨 * 毫米^2)
I1  I2  I3  6.4291966e+07  4.0999175e+09  4.1004318e+09

从_1111111 定位至主轴的旋转矩阵:
   -0.00062     -0.79047     -0.61250
    1.00000      0.00113     -0.00247
    0.00265     -0.61250      0.79047

从_1111111 定位至主轴的旋转角(度):
相对 x  y  z 的夹角  0.179      -37.770       90.045

相对主轴的回旋半径:
R1  R2  R3 2.9161401e+03  2.3287217e+04  2.3288677e+04   毫米

-------------------------------------------

这一组件的元件的质量属性
(于组件单元和_1111111 坐标边框)

密度           质量        C.G.: X        Y          Z

                  BODY_97           材料:                    UNKNOWN
2.76799e-08  7.21850e-02  2.49631e+02  2.49344e+04  2.56543e+02
                  BODY_96           材料:                    UNKNOWN
2.76799e-08  7.21850e-02  3.48626e+02  2.09704e+04  3.55538e+02
                  BODY_95           材料:                    UNKNOWN
2.76799e-08  6.37858e-02  4.05472e+02  1.69704e+04  4.12386e+02
```

图 13-5　通信塔架吊装重心计算和载荷施加

13.3.4　工程算例——通信塔架分体吊装优化后的计算结果

如图 13-6 所示，采用 Beam188 计算单元，杆件采用 10# 角钢，计算输出结果：变形量、剪力值、轴向力，计算结果数值如表 13-5 所列。

色标	变形量 /m
	0.000 732 61 Max
	0.000 651 2
	0.000 569 8
	0.000 488 4
	0.000 407
	0.000 325 6
	0.000 244 2
	0.000 162 8
	8.140 1e−5
	0 Min

色标	轴向力 /N
	9 475 Max
	4 748.1
	21.078
	−4 705.9
	9 432.9
	−14 160
	−18 887
	−23 614
	−28 341
	−33 068 Min

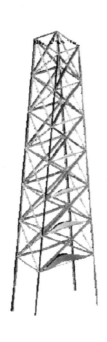

色标	剪切力 /N
	68 469 Max
	60 861
	53 254
	45 646
	38 038
	30 431
	22 823
	15 215
	7 607.8
	0.148 96 Min

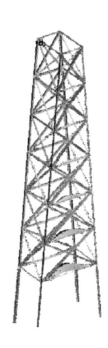

图 13-6　通信铁塔（10# 角钢）计算输出变形量、剪力值、轴向力

表 13-5　10# 等边角钢地脚支反力计算结果

X 方向分力 /N	Y 方向分力 /N	Z 方向分力 /N
−152.07	39 390	−29 166

13.3.5 工程算例——通信塔架分体吊装优化后的计算结果（采用 50 角钢，计算输出结果：变形量、剪力值、轴向力）

如图 13-7 所示，采用 Beam188 计算单元，杆件采用 5# 角钢，计算输出结果：变形量、剪力值、轴向力，计算结果数值如表 13-6 所列。

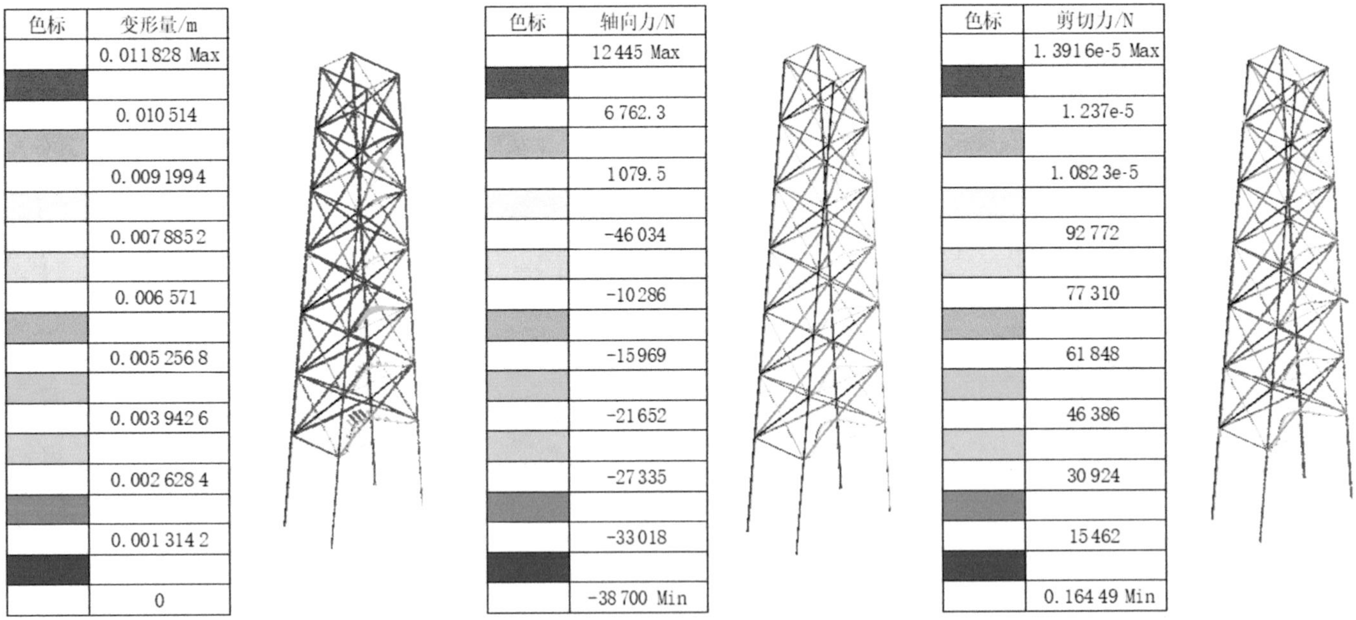

色标	变形量/m
	0.011 828 Max
	0.010 514
	0.009 199 4
	0.007 885 2
	0.006 571
	0.005 256 8
	0.003 942 6
	0.002 628 4
	0.001 314 2
	0

色标	轴向力/N
	12 445 Max
	6 762.3
	1 079.5
	-46 034
	-10 286
	-15 969
	-21 652
	-27 335
	-33 018
	-38 700 Min

色标	剪切力/N
	1.391 6e-5 Max
	1.237e-5
	1.082 3e-5
	92 772
	77 310
	61 848
	46 386
	30 924
	15 462
	0.164 49 Min

图 13-7 通信铁塔（50 角钢）计算输出变形量、剪力值、轴向力

表 13-6 5# 等边角钢塔架地脚支反力计算结果

X 方向分力 /N	Y 方向分力 /N	Z 方向分力 /N
-187.23	42 003	-10 319

13.3.6　计算结果数值校验

根据应力计算公式 $\sigma=F/S$ 进行计算。

50 角钢横截面积：$S=5.688 \times 10^{-6}$（m^2）。

计算得出的最大轴向力：$F=947.5$（N）。

实际计算的应力值 $\sigma=947.5/5.688 \times 10^{-6}$。

$$=166.6\,MPa<235\,MPa（屈服应力），满足设计要求。$$

也可按照许用应力和安全系数的方法进行校核（按弯曲、静载荷条件进行计算校核）：

$S=\sigma_b/\sigma_a$

　$=166.6\,MPa/30\,MPa$

　$=5.55>3$，满足设计要求。

第14章 施工阶段的BIM全景图平台搭建方法

全景原理：在施工过程中采用普通二维摄影图像一般方法：（1）采用短焦距镜头摄像机，（2）调整安装位置或多摄像机联动对射等。但这几种方法都存在着不同的应用缺陷；选择短焦距镜头摄像机时，水平可视范围小于80°（广角也超不过90°），因而摄影范围较小；调整安装位置往往受客观环境的制约而影响稳定安装；选择多摄像机联动对射不仅增加了设备投入的成本，也使得施工变得更加烦琐。

14.1 720°全景摄像技术简介

720°全景摄像就是一次性收录前后左右的所有图像信息，没有后期合成，更没有多镜头拼接。其原理依据仿生学（图14-1）采用物理光学的球面镜透射加反射原理一次性将水平360°，垂直180°的信息成像（图14-2），再采用硬件自带的软件进行转换，以人眼习惯的方式呈现出画面。

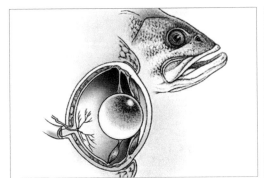

图 14-1 鱼眼结构

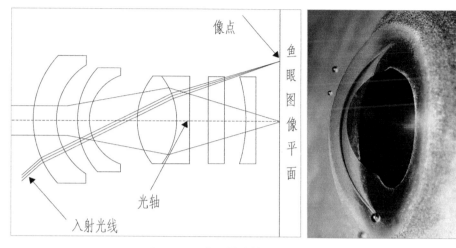

图 14-2　鱼眼镜头的硬件示意图

鱼眼镜头是一种超广角的特殊镜头,其视觉效果类似于鱼眼观察水面上的景物。鱼的眼睛类似人眼构造,但相对于扁圆形的人眼水晶体,鱼眼水晶体是圆球形,虽然只能看到比较近的物体,但却拥有更大的视角。

在图 14-3 中,人眼看水中实物,由于实物反射的光线在水中发生折射,使人误以为物体处于虚像的位置(例如水中筷子弯曲现象)。根据折射原理,光从空气斜射入水等介质中时,折射角小于入射角;光从水等介质斜射入空气中时,折射角大于入射角。也可以概括为,光从一种介质斜射入另一种介质时,传播方向一般会发生变化。鱼眼镜头就是利用折射原理,本着拥有更大的球面弧度(类似鱼眼的球形水晶体),成像平面离透镜更近(鱼眼的水晶体到视网膜距离很近)的设计思想,进行开发制造的。

一般来说,焦距越短,视角越大。而视角越大,因光学原理产生的变形也就越强烈。为了达到水平 360°,垂直 180° 的超大视角,鱼眼镜头允许畸变合理存在,除了画面中心的景物保持不变,其他本应水平或垂直的景物都发生了相应的变化。为了把畸变后的图像转化为适合于人眼观看的正常图像,需要通过软件对图像进行坐标变换,并进行图像修正等处理。

以 Insta ONES X2 鱼眼镜头为例,简要介绍 360° 摄像头软件处理的基本流程,如图 14-4 所示。

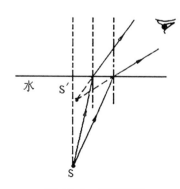

图 14-3　折射原理

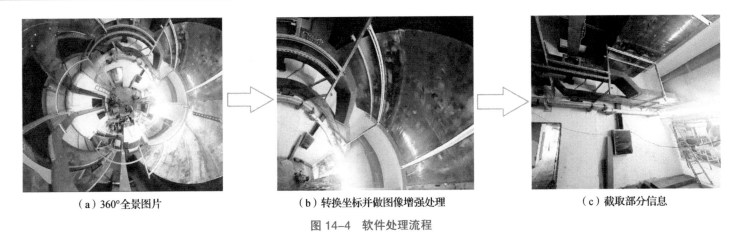

（a）360°全景图片　　　　　　（b）转换坐标并做图像增强处理　　　　　　（c）截取部分信息

图 14-4　软件处理流程

在 Insta ONES X2 全景相机处理系统中，圆形图像转换为平面图像所用到的原理与方程式。在 PC 端软件或嵌入式处理系统中通过计算处理，呈现出人眼所习惯的平面图像。

放大处理方程：$S_a(x,y) = \sum_{m=0}^{7} \sum_{n=0}^{7} a_{m,n}(m\omega_x x)\cos(n\omega_\gamma \gamma)$

圆环坐标系向直角坐标系转换处理方程：$h = \dfrac{2R}{\pi}\tan^{-1}\left\{\dfrac{m+d}{\sqrt{I^2 + (n_2 \times n)^2}}\right\}$

噪音滤波器方程：$F(x_1, y) = \sum_{1 \neq -1}^{1} f(x_1, y) h(x_1)$

14.2　720°摄像头的特点

14.2.1　压倒性的宽角度摄像

水平 360°和垂直 180°全景摄像颠覆了以往广角摄像机的概念。对 360°全景产品来说，视频监控已经无死角，如图 14-5 和图 14-6 所示。

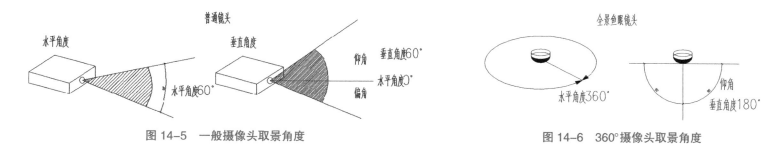

图 14-5　一般摄像头取景角度　　　　　　　　图 14-6　360°摄像头取景角度

14.2.2　球面图像可转化为正常的平面视图

鱼眼摄像头所取景的图像经过摄像机内部软件的修正及图面展开等处理可转化为适合人眼的正常平面视图，如图 14-7 所示。

图 14-7　平面展开实景图

14.2.3　降低成本

相比采用传统摄像机视频监控系统，采用全方位取景的 360°摄像头，可以有效降低摄像头数量，并缩减在多输入硬盘录像机方面的投入，还可降低施工布线难度，节省后续维护费用。采用 3D 激光扫描的方式，虽然可以将人物、设备等物体模型能够比较清晰地呈现，但生成的网格数量及所占空间大小、材质以及细部内容等物理因素较为冗余，后期可导致二次开发平台显卡及服务器的成本费用成倍增加。一般地，3D激光扫描这种方式可用于精密高端的设备和仪器的抄数扫描，比三坐标打点的方法要快捷得多，如图14-8所示。

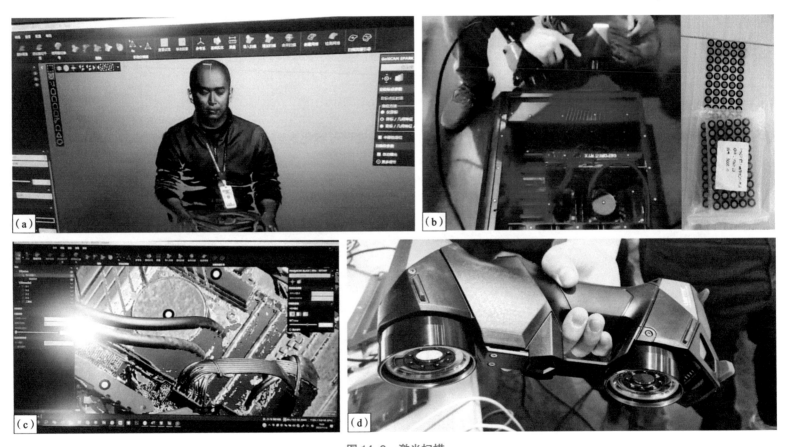

图 14-8 激光扫描

（a）人物扫描；（b）设备扫描；（c）设备线缆和模块扫描效果；（d）扫描枪

14.2.4　可接入 VR/AR 系统设备

如图 14-9 所示，虚拟 3D 模型，转化成中间格式后无缝接入到已有的 VR/AR 系统，配合轻便型的背包设备，通过数据传输线缆连接视觉光波导眼镜，即可呈现虚拟与现实叠加的影像效果，这种做法可以实现对在施工安装阶段设备与管线的安装工艺工法查看，或者在运维阶段中对设备运行状态和设备运行参数的查询。

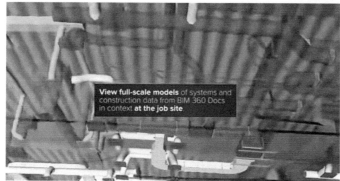

图 14-9　可接入 VR/AR 系统设备

14.3 鱼眼球面展开成平面计算推导

鱼眼球体展开坐标函数推导过程如 **14-10** 所示。

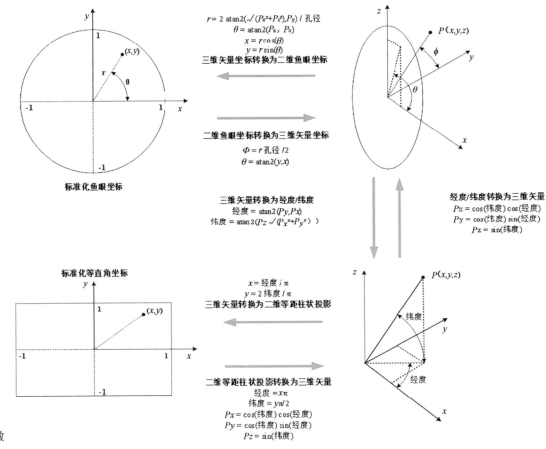

图 14-10 鱼眼球体展开坐标函数

14.4　搭建 720° 云全景平台的方法和步骤

长沙地铁 6 号线 GBIM 信息化建设项目在基于 720 云平台的基础上采用链接实景全景、设备点检二维码实时更新和后台实时管控、嵌入视频和图片、BIM 轻量化模型嵌入、嵌入设计管理文档（内部管理资料、对外管理资料）超链接、设备族环物热点浏览、电子沙盘嵌入浏览等方式，搭建了一个 GBIM 项目部级的 BIM 设计管理平台，摒弃了二次开发平台开发周期时间长、开发费用高、维护和更新稳定性等诸多问题，旨在方便项目部 BIM 工程师建模和调模时方便在电脑端或手机移动端比对实景和虚拟 BIM 模型的差异，以及设计管理资料的下载和浏览，对项目部工作进度和工作质量实时协同管控起了重要作用，拍摄全景采用 Insta ONES 相机如图 14-11 所示。

图 14-11　全景相机

制作 720 云全景步骤：（1）基础设置→（2）视角设置→（3）热点设置→（4）沙盘设置→（5）遮罩设置→（6）嵌入图片→（7）背景音乐→（8）特效设置→（9）导览设置→（10）足迹设置→（11）细节设置。

技术目的：在一张路线地图或大场景中实现全景热点关联和资料的链接，如图 14-12 所示，在浏览工点的场景时，能够实现快速切换到具体的热点和链接当中去查询相关资料。

14.4.1　基础设置

在"基础设置"处可以对全景类型、全景名称、全景介绍（标签）进行编辑，在"全局设置"中可对"页面加载样式、开场提示、开场封面、自定义初始场景、自定义 LOGO、自定义按钮、自定义广告、界面模板、界面语言、访问密码、自动巡游、留言、手机陀螺仪、自定义右键"等内容进行设置。

在将多张全景照片按类别分组时，可在"隐藏缩略图"最下方的"+"中点击后添加，如图 14-13 所示。

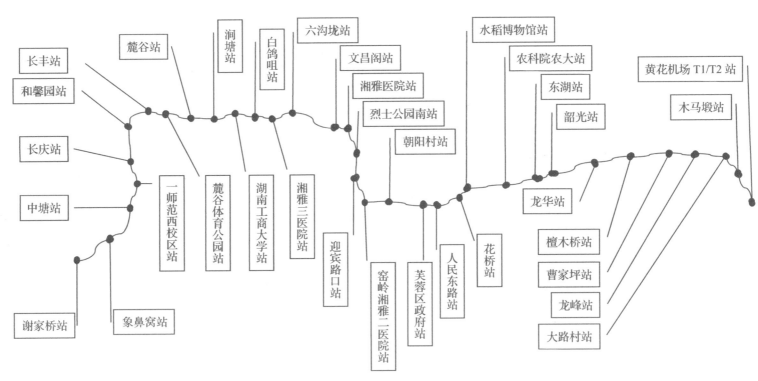

图 14-12 项目路线地图

图 14-13 720 云全景平台基础设置

14.4.2 视角设置

将全景照片调整到一个合适的视角位置，在屏幕右侧的"视角（FOV）范围设置"可对视角范围从"最近""初始""最远"等不同角度进行调整。对"垂直视角控制"可从 –90°~90°范围进行调整，对"水平视角控制"可从 –180°~180°范围进行调整。还可对"自动巡游时，保持初始视角"进行设置，对同样的视角范围可进行同样的操作步骤，在"应用到 选择场景"进行场景选择。如图 14–14 所示。

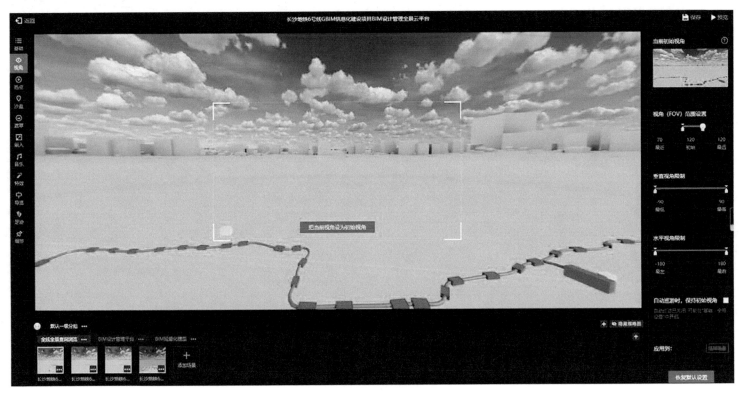

图 14–14　视角设置

14.4.3　添加热点

在"添加热点"中，可以选择不同的热点符号，有一部分 GIF 符号在添加之后可以高亮闪烁显示，添加热点的形式有"全景切换、超链接、图片热点、视频热点、文本热点、音频热点、图文热点、环物热点、文章热点"，打开方式可以以"新窗口打开"或"弹出层打开"，弹出层宽度以"固定宽度"和"满屏显示"两种方式打开，如图 14-15 所示。

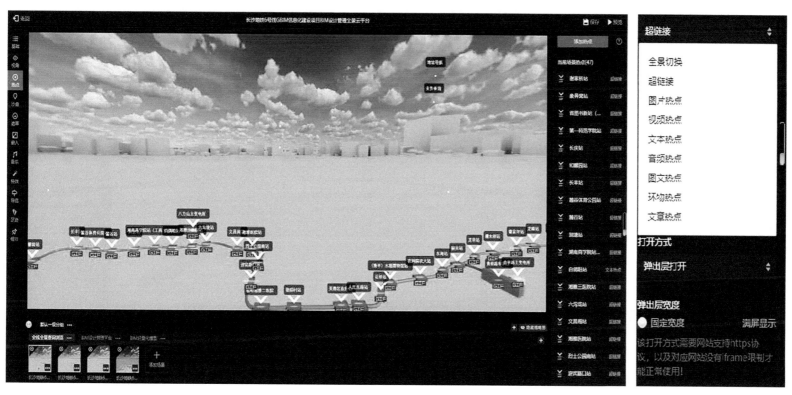

图 14-15　添加热点设置

14.4.4 添加沙盘

对于相应的全景照片场景可按照具体的位置点嵌入一张平面地图，编辑后可在全景环境中直接点击相应的位置点，跳转到对应的全景。如图 14-16 所示。

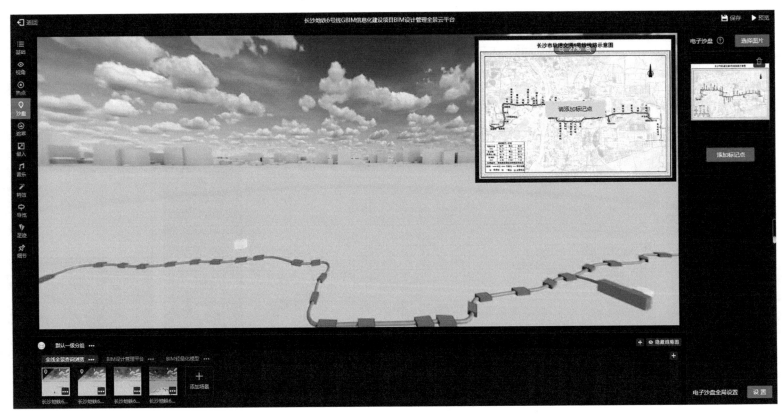

图 14-16 添加沙盘设置

14.4.5　添加遮罩

遮罩分为"天空遮罩"和"地面遮罩"，在此可设置相应的 LOGO，格式为 500×500 的 PNG 格式，如图 14-17 所示。

图 14-17　添加遮罩设置

14.4.6　嵌入内容

在此可嵌入事先处理好的素材，可嵌入类型有"文字标记、图片素材、序列帧、视频、标尺"，也可嵌入链接网址，样式可按照"系统默认样式"或者"自定义样式"进行设置。如图 14-18 所示。

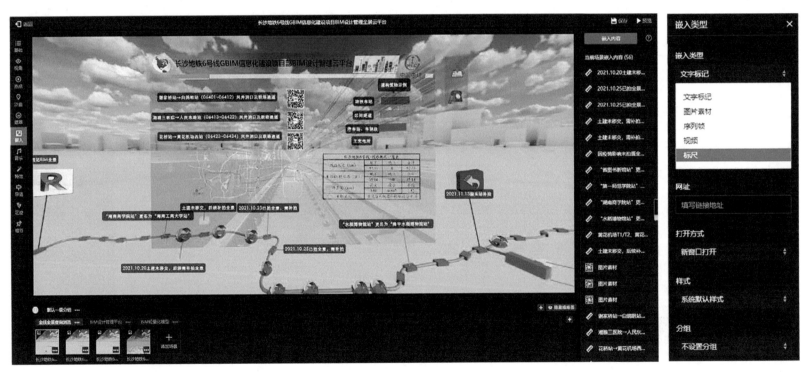

图 14-18　嵌入内容设置

14.4.7　音乐设置

背景音乐可选择相应的 MP3 格式，应用于相应的场景，语音讲解可选择相应的录制好的音频应用到对应的场景当中，如图 14-19 所示。

图 14-19　音乐设置

14.4.8 设置特效

特效效果中可设置全景中的"太阳光、下雪、下雨、下红包、下爱心、下铜钱、自定义效果",也可设置滚动字幕,如图14–20所示。

图14–20 设置特效

14.4.9　设置导览

在"导览"中可按照全景漫游设定顺序，在打开时可按照设定好的漫游顺序进行循环漫游，如图 14-21 所示。

图 14-21　设置导览

14.4.10 全景平台效果

搭建全景平台效果如图14-22所示。

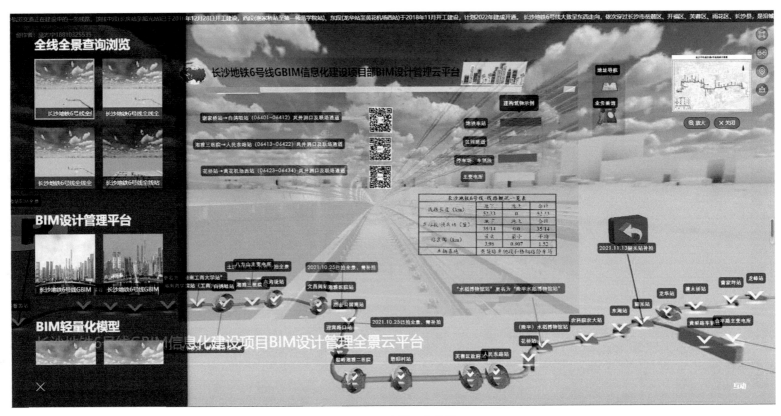

图14-22 全景平台效果

14.5 工程案例——长沙地铁 6 号线全线实景浏览展示

根据长沙地铁 6 号线全线 34 个车站、1 个控制中心、3 个主变、一场一段整理出全景二维码如表 14-1 所列。

表 14-1 长沙地铁 6 号线全线实景全景浏览展示（浏览密码：Smart Construction）

长沙地铁 6 号线全线实景全景浏览展示					
06401– 谢家桥站	06402– 象鼻窝站	06403– 省图书新站	06404– 第一师范学院站	06405– 长庆站	06406– 和馨园站
06407– 长丰站	06408– 麓谷体育公园站	06409– 麓谷站	06410– 涧塘站	06411– 湖南工商大学站	06412– 白鸽咀站
06413– 湘雅三医院站	06414– 六沟垅站	06415– 文昌阁站	06416– 湘雅医院站	06417– 烈士公园南站	06418– 迎宾路口站

续表

长沙地铁6号线全线实景全景浏览展示					
06419- 窑岭湘雅二医院	06420- 朝阳村站	06421- 芙蓉区政府站	06422- 人民东路站	06423- 花桥站	06424- 隆平水稻博物馆站
06425- 农科院农大站	06426- 东湖站	06427- 韶光站	06428- 龙华站	06429- 檀木桥站	06430- 曹家坪站
06431- 龙峰站	06432- 大路村站	06433- 木马塅站	06434- 黄花机场西站	红光110kV主变	区间隧道轨行区
梅溪湖主变电所	八方山主变电所	合平路主变电所	梧桐路停车场	黄梨路车辆段	第二控制中心

14.6　BIM 设计与安装一致性复核

在机电管线、综合支吊架、预留孔洞、机电设备安装过程中，采用虚拟与全景实景叠加的方法（类似于混合现实 MR 的技术方法，但更廉价。）复核现场安装情况与 BIM 模型的一致性。保证机电管线排布空间、设备之间的过道宽度、设备接管阀组安装的顺序等能够满足相关国家标准规范和使用要求，如图 14-23、图 14-24 所示。

图 14-23　虚拟与现实一致性复核

图 14-24　现场孔洞和管线排布一致性复核

第 15 章　现场设备安装实景照片

15.1　冷冻泵和冷却泵安装

冷冻泵和冷却泵安装如图 15-1 所示。

图 15-1　冷冻泵／冷却泵安装

15.2　冷水机组和接管、阀组安装

冷水机组和接管、阀组安装如图 15-2 和 15-3 所示。

图 15-2　冷水机组和接管、阀组的安装

图 15-3　冷水机组和接管、阀组的安装

15.3　环控机房开关控制箱进线安装

环控机房开关控制箱进线安装如图 15-4 所示。

图 15-4　环控机房开关控制箱进线安装

15.4　旁通水处理器和全程水处理器安装

旁通水处理器和全程水处理器安装如图 15-5 所示。

15.5　加药装置设备

加药装置设备如图 15-6 所示。

图 15-5　旁通水处理器和全程水处理器安装

图 15-6　加药装置设备

15.6　排水沟和设备接地

排水沟和设备接地如图 15-7 所示。

图 15-7　排水沟和设备接地

15.7　设备减震基础和接管、阀组连接

设备减震基础和接管、阀组连接如图 15-8 及 15-9 所示。

图 15-8　设备减震基础和接管、阀组连接（1）

图 15-9　设备减震基础和接管、阀组连接（2）

15.8 设备区与公共区走廊支吊架安装

设备区走廊支吊架安装如图 15-10 所示,公共区支吊架安装如图 15-11 所示。

图 15-10 设备区走廊支吊架安装

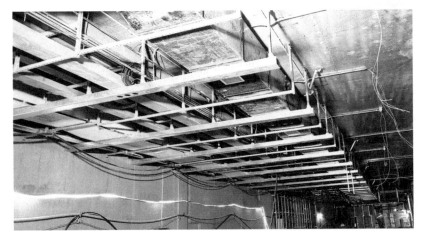

图 15-11 公共区支吊架安装

15.9 轴流风机安装

轴流风机安装如图 15–12 所示。

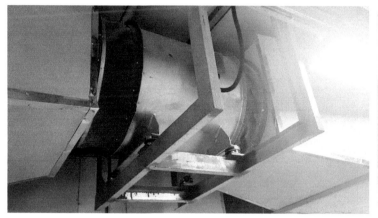

图 15–12 轴流风机安装

15.10 分水器、集水器、阀组及接管安装

分水器、集水器、阀组及接管安装如图 15–13 所示。

15.11 定压补水装置和水箱安装

定压补水装置和水箱如图 15–14 所示。

图 15-13　分水器、集水器、阀组及接管安装

图 15-14　定压补水装置和水箱

15.12　变配电室、环控电控室布设

变配电室机柜如图 15-15 和 15-16 所示，环控电控室如图 15-17 所示。

图 15-15　变配电室

图 15-16　变配电室

15.13　消火栓箱安装

消火栓箱安装（侧出）安装如图 15-18 所示。

图 15-17　环控电控控制箱

图 15-18　消火栓箱（侧出）安装

15.14　设备机房与设备区走廊管线交叉

设备机房与设备区走廊管线交叉处如图 15-19 所示。

图 15-19　设备机房与设备区走廊连接管线交叉

15.15　空调机组接管（水管、风管）

空调机组接管（水管、风管）如图 15-20 所示。

15.16　水管伸缩节

水管伸缩节如图 15-21 所示。

图 15-20 空调机组接管（水管、风管）

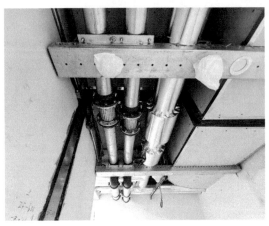

图 15-21 水管伸缩节

15.17 室内风管（立管）与 BAS 配电箱桥架避让处理方式

室内风管（立管）与 BAS 配电箱桥架避让处理方式如图 15-22 所示。

15.18 信号专业电缆标签、电缆桥架

信号专业电缆标签、电缆桥架如图 15-23 所示。

15.19 接地线布设

接地线做法如图 15-24 所示。

图 15-22　室内风管（立管）与 BAS 配电箱
　　　　　 桥架避让处理方式

图 15-23　信号专业电缆标签、电缆桥架

图 15-24　接地线

15.20　车辆段停车场

车辆段停车场如图 15-25 所示。

15.21　锚段关节、软横跨

锚段关节、软横跨如图 15-26 所示。

图 15-25　车辆段停车场

图 15-26　锚段关节、软横跨

15.22　接触网专业构件预配生产线

接触网专业构件预配生产线如图 15-27 所示。

图 15-27　接触网专业构件预配生产线（观看密码：Smartconstruction520）

15.23　信号电缆沟

信号电缆沟、隧道内自动放缆如图 15-28 所示。

15.24　隧道内刚性接触线夹和车辆限界检测

隧道内刚性接触线夹如图 15-29 所示。

图 15-28　信号电缆沟、隧道内自动放缆

图 15-29　隧道内刚性接触线夹安装和车辆限界检测

15.25 接触网棘轮和坠砣张紧

接触网棘轮和坠砣张紧如图 15-30 所示。

15.26 接触网立柱（格构柱）、腕臂安装和调整

接触网立柱（格构柱）、腕臂安装和调整如图 15-31 所示。

图 15-30　接触网棘轮和坠砣张紧

图 15-31　接触网立柱（格构柱）、腕臂安装和调整

附 录

在 00 组中的 G10、G11 是模态指令，其它均是非模态指令。

另外，G 代码体系分为 A、B、C 三组，究竟使用哪组，具体需要根据参数 GSC(NO.3401#7 和 NO.3401#6）的设定值而定。

在数控编程指令中，常见三大类功能指令：

（1）S、F、T；

（2）辅助功能 M；

（3）准备功能 G。

针对数控编程中 G 代码指令，以 FANUC-OIT 系列为例进行说明。

G 代码体系			组别	功能
A	B	C		
G00	G00	G00	00	定位（快速移动）
G01	G01	G01		直线插补（切削进给）
G02	G02	G02		圆弧插补 CW 或螺旋插补 CW
G03	G03	G03		圆弧插补 CCW 或螺旋插补 CCW
G04	G04	G04	00	暂停
G05.4	G05.4	G05.4		HRV3 接通 / 断开
G07.1（G107）	G07.1（G107）	G07.1（G107）		圆柱插补
G08	G08	G08		提前预读控制
G09	G09	G09		准确停止
G10	G10	G10		可编程数据输入
G11	G11	G11		可编程数据输入取值

续表

G 代码体系			组别	功能
A	B	C		
G12.1（G112）	G12.1（G112）	G12.1（G112）	21	极坐标插补方式
G13.1（G113）	G13.1（G113）	G13.1（G113）		极坐标插补取消方式
G17	G17	G17	16	XpYp 平面选择
G18	G18	G18		ZpXp 平面选择
G19	G19	G19		YpZp 平面选择
G20	G20	G70	06	英制数据输入
G21	G21	G71		公制数据输入
G22	G22	G22	09	存储行程检测功能 ON
G23	G23	G23		存储行程检测功能 OFF
G25	G25	G25	08	主轴速度变动检测 OFF
G26	G26	G26		主轴速度变动检测 ON
G27	G27	G27	00	返回参考点检测
G28	G28	G28		返回至参考点
G30	G30	G30		返回第 2、第 3、第 4 参考点
G31	G31	G31		跳过功能
G32	G33	G33	01	螺纹切削
G34	G34	G34		可变导程螺纹切削
G36	G36	G36		刀具自动补偿（X 轴）
G37	G37	G37		刀具自动补偿（Z 轴）
G39	G39	G39		刀尖自动补偿：拐角圆弧补偿

G 代码体系			组别	功能
A	B	C		
G40	G40	G40		刀尖半径补偿取消
G41	G41	G41	07	刀尖半径补偿：左
G42	G42	G42		刀尖半径补偿：右
G50	G92	G92	00	坐标系设定或主轴最高转速钳制
G50.3	G92.1	G92.1		工作坐标系预置
G50.2（G250）	G50.2（G250）	G50.2（G250）	20	多边形加工取消
G51.2（G251）	G51.2（G251）	G51.2（G251）		多边形加工
G50.4	G50.4	G50.4		同步控制结束
G50.5	G50.5	G50.5		混合控制结束
G50.6	G50.6	G50.6		重叠控制结束
G51.4	G51.4	G51.4		同步控制开始
G51.5	G51.5	G51.5	00	混合控制开始
G51.6	G51.6	G51.6		重叠控制开始
G52	G52	G52		局部坐标系设定
G53	G53	G53		机械坐标系选择
G54	G54	G54		工件坐标系 1 选择
G55	G55	G55		工件坐标系 2 选择
G56	G56	G56	14	工件坐标系 3 选择
G57	G57	G57		工件坐标系 4 选择
G58	G58	G58		工件坐标系 5 选择
G59	G59	G59		工件坐标系 6 选择

G 代码体系			组别	功能
A	B	C		
G61	G61	G61		准确停止方式
G63	G63	G63	15	攻丝方式
G64	G64	G64		切削方式
G65	G65	G65	00	宏指令调用
G66	G66	G66	12	宏模态调用
G67	G67	G67		宏模态调用取消
G68	G68	G68	04	相向刀具台镜像 ON 或均衡切削方式
G69	G69	G69		相向刀具台镜像 OFF 或均衡切削方式取消
G70	G70	G72		精切循环
G71	G71	G73		外侧或内侧切除循环
G72	G72	G74		底侧切除循环
G73	G73	G75	00	闭环切削循环
G74	G74	G76		底侧切除循环
G75	G75	G77		外侧或内侧切除循环
G76	G76	G78		多重螺纹切削循环
G71	G71	G72		纵向走刀磨削循环（床用）
G72	G72	G73	01	纵向走刀直接固定尺寸磨削循环（床用）
G73	G73	G74		振荡磨削循环（磨床用）
G74	G74	G75		振荡直接尺寸磨削循环（磨床用）

续表

G 代码体系			组别	功能
A	B	C		
G80	G80	G80	10	钻孔用固定循环取消
G81	G81	G81		定点镗孔（FS10/11-T 格式）
G82	G82	G82		镗阶梯孔（FS10/11-T 格式）
G83	G83	G83		端面钻孔循环
G83.1	G83.1	G83.1		高速深孔钻削循环（FS10/11 格式）
G84	G84	G84		端面攻丝循环
G84.2	G84.2	G84.2		刚性攻丝循环（FS10/11 格式）
G85	G85	G85		端面镗孔循环
G87	G87	G87		侧面钻孔循环
G88	G88	G88		侧面攻丝循环
G89	G89	G89		侧面镗孔循环
G90	G77	G20	01	外侧或内侧车削循环
G92	G78	G21		螺纹切削循环
G94	G79	G24		底侧车削循环
G91.1	G91.1	G91.1	00	最大增量指令值检测
G96	G96	G96	02	周速恒定控制
G97	G97	G97		周速恒定控制取消
G96.1	G96.1	G96.1	00	主轴分度执行（有完成等待）
G96.2	G96.2	G96.2		主轴分度执行（无完成等待）
G96.3	G96.3	G96.3		主轴分度完成确认
G96.4	G96.4	G96.4		SV 旋转控制方式 ON
G98	G94	G94	05	每分钟进给
G99	G95	G95		每转进给

续表

G 代码体系			组别	功能
A	B	C		
—	G90	G90	03	绝对指令
—	G91	G91		增量指令
—	G98	G98	11	固定循环初始平面返回
—	G99	G99		固定循环 R 点平面返回

M 代码	用于数控车的功能	用于数控铣的功能	附注	M 代码	用于数控车的功能	用于数控铣的功能	附注
M00	程序停止	相同	非模态	M19	主轴定向	×	模态
M01	计划停止	相同	非模态	M20	自动上料器工作	×	模态
M02	程序结束	相同	非模态	M30	程序结束并返回	相同	非模态
M03	主轴顺时针旋转	相同	模态	M31	互锁旁路	相同	非模态
M04	主轴逆时针旋转	相同	模态	M38	右中心架夹紧	×	模态
M05	主轴停止	相同	模态	M39	右中心架松开	×	模态
M06	×	换刀	非模态	M50	棒料送料器夹紧并前进	×	模态
M08	切削液开	相同	模态	M51	棒料送料器夹松开并退回	×	模态
M09	切削液关	相同	模态	M52	自动门打开	相同	模态
M10	接料器前进	×	模态	M53	自动门关闭	相同	模态
M11	接料器退回	×	模态	M58	左中心架夹紧	×	模态
M13	1 号压缩空气吹管打开	×	模态	M59	左中心架松开	×	模态
M14	2 号压缩空气吹管关闭	×	模态	M68	液压卡盘夹紧	×	模态
M15	压缩空气吹管关闭	×	模态	M69	液压卡盘松开	×	模态
M17	2 轴变换	×	模态	M74	错误检查功能打开	相同	模态
M18	3 轴变换	×	模态				

脚号	等离子切割 M 指令输出		暂停后快捷键	脚号	火焰切割 M 指令输出		暂停后快捷键
33	切割：	M07/M08	F4	33	切割：	M07/M08	F4
14	画线：	M09/M10	F5	14	预热：	M09/M10	F5
13	跟随：	M92/M91	F6	31	跟随：	M60/M65	F7
				34	上升：	M03/M04	F1
				15	下降：	M05/M06	F2
				32	乙炔：	M50/M55	F3
				11	点火：	M77/M79	F8